集成系統健康管理方法研究
以航太推進系統為例

孟致毅、陳春梅、藍紅星 著

財經錢線

摘 要

伴隨航天技術的進步、航天器自身結構愈加複雜以及其任務難度的逐漸增加，對航天器系統安全性的要求也更高。系統安全性指系統處於可預測的、可接受的最小事故損失下正常工作的特性[2]。對載人航天而言，系統安全包括兩個方面的內容：一方面是航天器任務完成的有效性，另一方面是救生系統工作的有效性。換言之，載人航天的系統安全問題可以具體分為兩類，即航天器的任務安全問題和不同使用環境下、不同訓練水準和飛行階段時的人員安全性問題。

航天器系統是由諸多子系統、零部件構成的有機統一體，各子系統的功能不相同但是又相互聯繫，任何一個子系統的安全與航天器系統的安全息息相關。如果某個子系統出現故障，便會影響其他子系統的信號獲取和數據處理，從而導致更大範圍甚至整個系統的效能或可靠性降低，威脅航天任務、航天器及人員的安全。

航天器系統結構複雜，子系統及零部件數量眾多，加之故障特徵多樣，存在大量的不確定因素影響系統故障的監測和識別。但是由於航天任務的獨特性和挑戰性，對航天器飛行過程的時間成本要求嚴格，因此，如何能夠在航天器複雜系統結構中把握影響系統安全的關鍵系統，快速過濾出有效的故障信息，做出科學合理的處理決策，提高航天器系統健康管理的時效性和可操作性，成為目前眾多專家學者關注的重點。本書的後續部分擬從航天器推進系統進行研究，首先對航天器推進系統的概念進行介紹，就其系統結構和特徵進行梳理和總結，提出電子系統的分層效能評估

問題、軟件系統可靠性評估問題以及發動機系統剩餘使用壽命預測問題。具體從以下六個方面展開研究：

（1）從研究背景、研究現狀、研究框架三個方面進行闡述，介紹理論和現實背景，闡明研究目的和意義。運用文獻綜述的方法，系統梳理以航天推進系統、系統健康管理、效能評估、可靠性評估及剩餘使用壽命預測為主題的核心研究文章，為本研究提供啟示。研究背景部分主要是通過對涉及航天器安全問題的迫切重大事件資料梳理發現問題、明確研究目的與研究意義，指出研究的重要性；研究現狀部分通過對相關問題及方法研究的總結分析，指出其不足，為本研究指明方向；研究框架主要從研究思路、技術路線、研究內容三個方面對全文進行歸類說明，其中包含研究的方法和途徑。

（2）闡述綜合系統健康管理的基本框架，包括數據獲取，效能評估、可靠性評估、故障診斷及壽命預測為一體的安全評判，決策支持等。闡述了信息融合模型和啟發式智能算法，包括對模糊語義度量的定義、隸屬度函數的構建以及模糊語義尺度的運算方法。在啟發式智能算法方面，介紹了支持向量機算法、遺傳算法及傳統層次分析法、網絡層次分析及信息熵計算的基本方法。

（3）闡述航天器推進系統中電子系統、軟件系統和發動機系統三個子系統的基本概念，及其在整體系統中的關鍵作用和特殊功能。闡述安全關鍵系統的定義，詳細描述其具體特徵，並根據定義和特徵對航天器安全系統相關理論進行分析和梳理。

（4）考慮了模糊環境下航天器推進系統的電子系統分層效能評估問題。根據電子系統的結構特徵，按照綜合系統健康管理的邏輯順序，先後建立系統級健康狀態評估模型和子系統級效能水準評估模型。然後根據評估變量和指標的特點，將模糊語義尺度應用到解決定性指標定量化的處理過程中，結合網絡層次分析的優勢，對子系統級的效能水準進行評估。該

模型和方法將系統級和子系統級的健康問題都進行考慮，完善了航天器推進系統的電子系統在子系統級的效能評估理論和方法。

（5）擬解決航天器推進軟件系統的可靠性預測問題。按照航天器推進系統綜合系統健康管理的邏輯順序，根據軟件系統的特徵，進行可靠性指標的分析和選擇，圍繞指標構建信息融合的可靠性評估模型，模型中將支持向量機算法和遺傳算法有機結合，並對遺傳算法的參數選擇環節進行改進，實現自動選擇參數的自適應遺傳算法，通過 AGA-SVM 智能算法對數值算例進行求解和運算，通過分析驗證，得到精確的可靠性評估數據，擬向決策者提供有效支持，以保障維修和養護決策的科學性。

（6）針對航天器推進發動機系統剩餘使用壽命預測問題，按照航天器綜合系統健康管理的邏輯思路，根據航天器發動機的系統特徵，分析其失效機理，在深入分析的基礎上，篩選確定剩餘壽命預測的相關指標，建立融合預測模型。在模型中引入模糊語義度量方法和信息熵的方法對模型進行求解。最後根據發動機系統特徵編製的數值算例來對模型和算法進行分析和驗證。

目 錄

1 引言 / 1
    1.1 研究背景 / 2
    1.2 研究現狀 / 7
        1.2.1 效能評估 / 16
        1.2.2 可靠性預測 / 16
        1.2.3 壽命預測 / 17
        1.2.4 現狀評述 / 17
    1.3 研究框架 / 21
        1.3.1 研究思路 / 21
        1.3.2 研究方法 / 23
        1.3.3 研究內容 / 24

2 理論基礎 / 28
    2.1 概念框架 / 28
        2.1.1 功能介紹 / 29
        2.1.2 關鍵理論 / 32
    2.2 技術方法 / 38
        2.2.1 網絡分析 / 39
        2.2.2 支持向量 / 41
        2.2.3 遺傳算法 / 43

2.3 本章小結 / 45
3 航天器推進系統 / 46
 3.1 航天器系統構成 / 47
  3.1.1 整體系統 / 47
  3.1.2 推進系統 / 48
  3.1.3 關鍵系統 / 50
 3.2 電子系統 / 52
  3.2.1 概念描述 / 54
  3.2.2 效能闡釋 / 56
 3.3 軟件系統 / 57
  3.3.1 失效特徵 / 59
  3.3.2 軟件可靠 / 60
 3.4 發動機系統 / 61
  3.4.1 故障特徵 / 62
  3.4.2 壽命預測 / 64
 3.5 本章小結 / 66
4 電子系統分層效能評估 / 67
 4.1 問題介紹 / 67
  4.1.1 背景回顧 / 68
  4.1.2 系統描述 / 69
  4.1.3 概念框架 / 72
 4.2 技術範式 / 73
  4.2.1 指標體系 / 73
  4.2.2 評估方法 / 77
  4.2.3 構建模型 / 82

4.3 應用分析 / 90

  4.3.1 算例求解 / 91

  4.3.2 有效驗證 / 102

4.4 本章小結 / 104

5 軟件系統可靠性預測 / 106

5.1 問題描述 / 106

  5.1.1 背景分析 / 107

  5.1.2 失效機理 / 109

  5.1.3 可靠概念 / 110

5.2 技術框架 / 111

  5.2.1 指標選擇 / 111

  5.2.2 預測流程 / 112

  5.2.3 算法設計 / 115

  5.2.4 建立模型 / 121

5.3 應用分析 / 125

  5.3.1 預測結果 / 127

  5.3.2 性能分析 / 129

5.4 本章小結 / 131

6 發動機系統剩餘壽命預測 / 132

6.1 問題分析 / 132

  6.1.1 背景介紹 / 134

  6.1.2 系統框架 / 134

6.2 方法體系 / 137

  6.2.1 預測方法 / 137

  6.2.2 構建模型 / 139

6.3 應用分析 / 144

    6.3.1 數據融合 / 145

    6.3.2 融合預測 / 149

    6.3.3 驗證討論 / 150

6.4 本章小結 / 153

7 結語 / 154

    7.1 主要工作 / 154

    7.2 創新之處 / 156

    7.3 後續研究 / 157

參考文獻 / 158

1　引言

　　航天技術的不斷突破，推動了人類載人航天工程的快速發展。在航天事業取得驕人成績的同時，航天安全問題也逐漸凸現出來。航天器[40]作為人類進行太空探索、開發太空資源的主要工具，它的安全對航天器事業的快速發展和科研人員的安全具有重要的意義。隨著航天任務的時空要求不斷增加，航天器工作的環境更加複雜，對航天器安全也提出了更高的要求。航天器推進系統[6,17,35]作為航天器的安全關鍵系統，通過其電子系統[26,41]、軟件系統[20]和發動機系統[29,32]三個子系統的協同合作不斷為航天器提供動力和支撐[42]，其系統安全對航天器任務的完成以及人員的安全具有重要的意義。由於其三個子系統在航天器中的特殊功能，推進系統一旦出現異常或故障，將造成極其嚴重的危害和損失，加上其惡劣且充滿不確定因素的工作環境，增加了發生異常和故障的可能性，因此對航天器推進系統的健康管理尤為迫切。本書基於航天器集成健康管理的理論框架，從電子系統效能[24,27,33]、軟件系統可靠性[25,44]和發動機系統剩餘壽命的角度對航天器推進系統這一安全關鍵系統進行研究，以探尋能有效解決航天器安全問題的健康管理方法，實現航天器的可持續健康工作，規避任務失敗風險，減少過度維修造成的時間和資金的投入增加，保障航天器順利達成其航天任務。

1.1 研究背景

科技進步使人類社會生產生活水準得到大幅度提高的同時還造成一系列譬如環境污染、資源匱乏等需要人類共同面對的難題。人類也已經意識到地球自身的資源遠遠無法滿足日益增加的生產、生活所需。正是在此需求下，人類利用科技進步的成果，積極推進載人航天工程，將未來的發展方向著眼於太空，使得人類的航天夢想變成現實。一些國家和地區已積極組織開展載人航天活動，將探索的腳步邁向太空。空間高科技是當代發展最快的尖端技術之一，已成為衡量一個國家綜合實力的重要標誌。

不同國家和地區根據自身的實力均在航天工程領域各個方面取得驕人的成績，因此對空間資源的開發和探索逐漸由近地觀測向遠太空擴展。2013年中國成功發射「神舟十號」飛船，在軌運行15天後順利返回地球[38]，圓滿完成為「天宮一號」在軌運行提供人員和物資的地空往返運輸服務的任務，鞏固了交會對接技術，對飛行時間、航天員的工作程序等進行調整，為中國建立太空空間站打下基礎。此外，中國於2016年發射「天宮二號」太空實驗室[39]，並在其發射後選擇時機發射「神舟十一號」飛船，完成飛船與天空實驗室的二次對接，再次推進中國航天技術的飛躍，從而實現在2020年建成載人太空空間站的計劃[34,36,38,39]。而美國於2011年宣布將工作30年的航天器工程退役的同時開始實施新一代載人航天器計劃來完成更具挑戰性的空間探索活動。俄羅斯及日本等也都積極開展航天探測活動，力圖取得太空資源開發探索的突破，其中俄羅斯還在探討合作建造核動力飛船[99,176]。不言而喻，航天器成為載人航天活動得以開展的基本依託[40,45]。勘察、挖掘及使用太空資源都與航天器有著千絲萬縷的聯繫。同時，航天器的整體安全和成本控制也因航天工程使命的逐漸

多樣化、更富挑戰性和不確定性而提出更高的要求[14]：一方面要規避航天飛行的風險，提高完成任務和使命的安全指數；另一方面要保證運行維修的質量以及控制成本。

就運行中的航天器而言，其面臨的工作環境極其複雜，故障後維修幾乎不可能，加之其任務週期和挑戰性不斷增加，都加劇了航天任務失敗的風險[185]。航天器必須依靠高度可靠的部件和維修技術，以提供必要的安全保障，避免任務失敗。因此，一種包括了數據獲取、安全預評和決策支持及相關技術手段的集成系統健康管理（Integrated System Health Management，ISHM）[106,122]開始出現，以滿足航天器系統安全和維護需求。NASA給出集成系統健康管理的概念：在全壽命週期內對系統的故障進行預防或將故障影響降低到最低的過程、方法和技術[188]，其目的是解決在生產和運行全過程中的安全隱患。相較於傳統維護管理，集成系統健康管理的優勢在於其將按預定時間進行的「計劃維修」（Time based Maintenance，TBM）[88]演進為全過程即時監測，即一旦系統發生偏差，立即進行相應的管理措施，在故障發生之前便通過有效措施進行處理，即「視情維修」（Condition based Maintenance，CBM）[129]。

由眾多部件和子系統構成的航天器是一個非常複雜的綜合系統，其中每一個子系統和部件都具有獨特的功能和性質，一旦其中一個子系統和部件出現異常或故障，將會引起整體系統功能的故障[3]。作為有機整體的一部分的各子系統之間存在故障傳播的可能，若一個子系統出現故障，很可能導致其他子系統的異常，進而對決策者的判斷造成干擾，甚至出現錯誤判斷的情況。故障特徵與故障類型之間並不一定是一一對應的映射關係，且由於航天任務的特殊性和挑戰性，所以要明確航天器安全關鍵系統，並且進行即時監測和管理，通過對海量數據的過濾來提取最能反應故障特徵的信息[23]。

在航天器推進系統中，電子系統、軟件系統及發動機系統在保障航天

器正常運行過程中起到關鍵的作用。具體來講，電子系統涵蓋了航天器當中所有的電子設備[199]，實現了航天器包括通信、導航、飛行控制、數據處理和飛行器管理在內的基本功[68]，因而電子系統的健康狀態與航天器的飛行安全以及航天任務的成功都有著直接的關聯。無論是飛往空間站、月球、火星甚至更遙遠深空的航天器，都需要高可靠性的元器件集成以及針對電子系統的有效健康管理計劃[54,64,229]。軟件系統是由眾多命令程序和子系統構成的複雜系統，其可靠性不僅受到設計生產階段的因素影響，還受到其複雜運行環境的影響[123]。軟件系統高度的結構複雜性和不確定的運行環境在故障因子和故障機理方面充分體現出來。高度複雜的系統特徵使得軟件可靠性的研究需要多種學科知識的支撐，對於集成手段的要求也較高[170,184]。作為航天器的心臟，發動機系統的狀態直接影響航天器的安全性、可靠性和操作性[223]。發動機故障預測與健康管理可以提供故障預警並估計剩餘使用壽命。然而，發動機系統因為無形的和不確定的因素而具有高度複雜性，以至於難以模擬其複雜的降解過程，而且沒有單一的可以有效解決這一關鍵和複雜問題的預測方法[57]。

　　綜上所述，在航天器推進系統中，電子系統、軟件系統和發動機系統分別以不同形式發揮著至關重要的作用，其系統的健康和安全是航天器任務的實現和航天器系統安全的基本保障。本書將針對推進系統這一航天器的安全關鍵系統，根據電子系統、軟件系統和發動機系統的結構特徵和故障機理，分別從效能、可靠性和剩餘壽命幾個角度進行系統健康管理研究。目前，眾多學者和專家已經做出了大量的關於航天器系統健康管理的研究，但是關於航天器推進系統健康管理工作還有以下問題。

　　第一，缺乏航天器安全關鍵系統的綜合考慮。事實上，航天器安全關鍵系統是從航天器眾多部件和子系統中按照其功能實現的特殊性和失效危害的嚴重性過濾出來的。航天器由於其任務使命的艱鉅性、運行環境的嚴酷性及維修操作的不可能性，加之其一旦發生故障甚至失效所造成的任務

失敗和人員傷亡的損失極為慘重，因此航天器的安全性和可靠性是進行空間資源探索、開發和利用的基本前提。航天器是由眾多部件和子系統構成的複雜系統，其結構的複雜性導致在進行系統健康管理時不可能對所有的部件和子系統進行狀態監測、壽命預測和故障診斷，因為如此操作是非常耗時且低效的，也是航天任務所不允許的。因此，需要明確航天器安全關鍵系統的特徵，並根據其具體特點採取相應的集成系統健康管理。就航天器推進系統而言，電子系統、軟件系統和發動機系統分別以不同形式發揮著其獨特的關鍵功能。電子系統涵蓋了航天器中所有的電子設備，實現了航天器包括通信、導航、飛行控制、數據處理和飛行器管理在內的基本功能。軟件系統是由眾多命令程序和子系統構成的複雜系統，其可靠性除了受到設計生產階段的因素影響外，還受到其複雜運行環境的影響。發動機系統是航天器的心臟，其健康狀態直接影響航天器的安全性、可靠性和操作性。目前，已經有大量的研究關注推進系統的這三個子系統。Kayton[139]對載人航天器的電子系統進行了系統分析及功能定位。Celaya[77]對電子系統進行故障診斷研究。Xu 等[227-229]採用基於信息融合的方法對推進系統電子系統進行健康狀態評估。Wang[218]從設計和測試的角度對航天飛行器軟件進行研究。Wang 等[223]提出一種基於支持向量機（SVM）方法的發動機的診斷和預測研究。Leveso[150]就軟件的功能角色進行定位分析。戎翔[30]對發動機的剩餘壽命和維修決策進行研究。但是大部分研究都是著眼於單一的安全關鍵系統，同時關注多個安全關鍵系統的研究較少。事實上，一方面，航天器推進系統中的電子系統、軟件系統和發動機系統既作為獨立的系統存在，有完整的系統結構和要素；另一方面，各個系統之間又是相互影響、相互支撐、互為依託的關係。因此，要把相互之間的聯繫作為背景條件，再對某一個系統進行研究。

第二，尚無針對航天器推進系統進行的集成系統健康管理問題研究。基於集成系統健康管理方法的航天器安全關鍵系統研究和傳統的健康管理

及安全關鍵系統管理有較大差別。一方面，傳統的健康管理通常是針對較簡單或者一般複雜的系統進行的維修、養護，而現實情況中，尤其是航天器推進系統，所面臨的運行環境和系統結構都是極為複雜的，因此對健康管理的要求也是非常高的。通常需要在對系統進行模塊化分級的前提下，對其採取包括健康狀態監測、安全評估與診斷、決策支持等系列管理活動。另一方面，傳統的健康管理的對象為生產或生活較常見的各類系統，而航天器推進系統是具有高度複雜性、任務艱鉅性、成本高昂等特性的特殊系統。目前已經有一些文獻[4,7,9,12,13,21]對飛行器等進行系統健康管理討論，儘管這些文獻推動了系統健康管理理論的進步和完善，但是這些文獻主要著眼於飛行器中的某一部分或整體系統的研究，尚無關於航天器推進系統這類安全關鍵系統的健康管理研究。

第三，未曾考慮基於集成系統健康管理的航天器推進系統的子系統級問題研究。航天器推進系統的結構複雜程度較高，系統與子系統級的關係梳理難度較大，因而目前對其子系統的研究較少。但是，子系統級問題的研究又是十分必要的。在推進集成系統健康管理的過程中，一般通過一系列科學方法對推進系統中可能出現的故障或異常的部件進行管理，以便瞭解其健康狀態，一旦出現偏差，能夠實現精準定位，採取相應對策。應該投入更多的時間對推進系統的電子系統、軟件系統和發動機系統進行研究，特別是對子系統級安全問題的關注。部分研究[15,43]討論了電子系統故障預測與健康管理技術現狀與發展情況，也有一些研究[1,10,11,22]分別從可靠性度量和視情維修決策角度對軟件系統和發動機系統進行探討。儘管這些文獻豐富和發展了航天工程的理論，並成功運用於航天項目的飛行任務中，但是目前尚無關於航天器推進系統子系統級健康管理的研究。

基於上述分析，本書將針對航天器推進系統的電子系統、軟件系統、發動機系統三個子系統，結合其基本特徵，運用綜合系統健康管理的方法從電子系統效能評估、軟件系統可靠性評估和發動機系統剩餘壽命預測的

角度進行深入的理論研究、模型構建、算法設計和應用分析，豐富和完善航天器安全關鍵系統的集成健康管理理論，為航天探索活動的推進提供支持。

1.2 研究現狀

對推進系統集成健康管理的已有文獻進行梳理歸納，分析研究的熱點和趨勢，介紹它們的研究現狀。本書運用 NodeXL[207]（Network Overview Discovery Exploration for Excel）的網絡化可視分析的功能，對文獻對象進行分析。運用 NodeXL 的網絡分析方法，將推進系統集成健康管理相關文獻中的關鍵詞與發表年份進行對應聯結形成二維或多維陣列，進而發現研究熱點和趨勢，如圖1.1至圖1.3所示，其研究熱點聚焦於效能、可靠性和剩餘壽命三個角度。

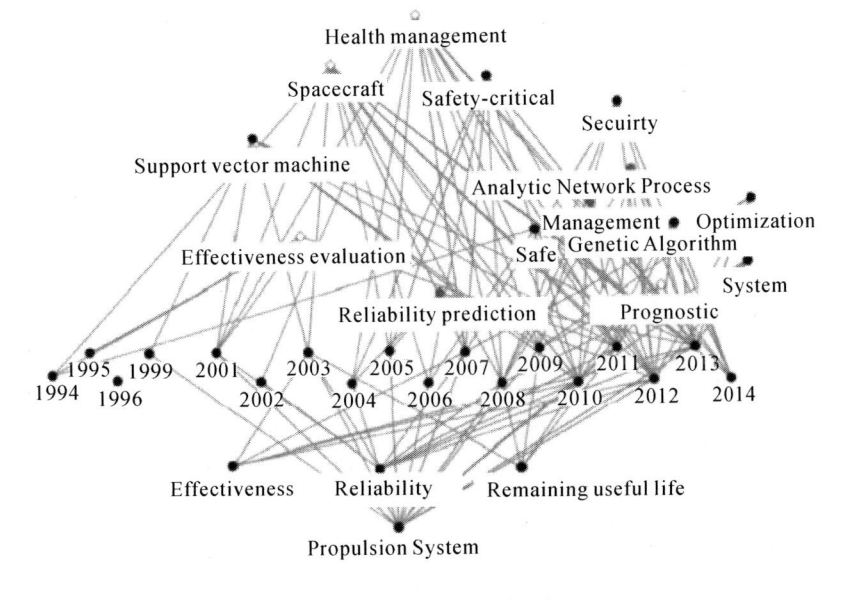

圖 1.1 研究熱點趨勢示例

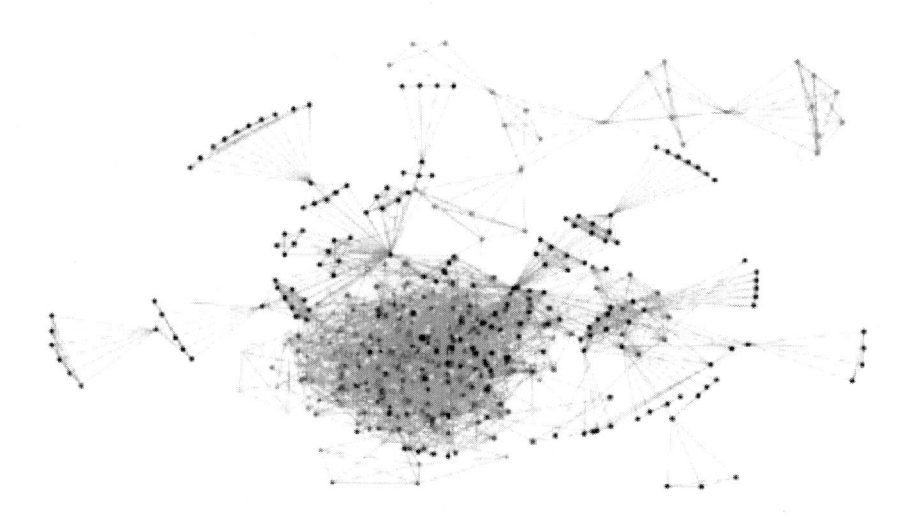

图 1.2　推進系統集成健康管理文獻關鍵詞網路圖

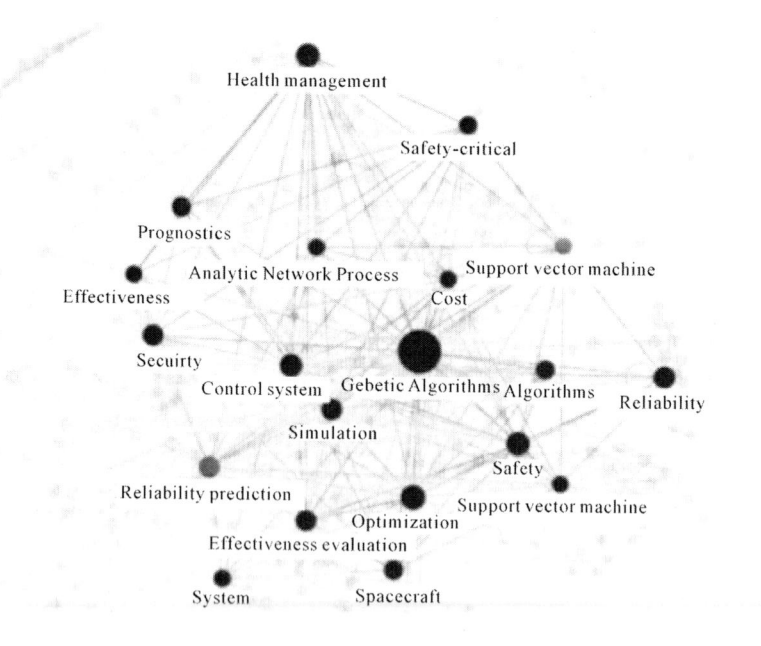

圖 1.3　過濾後的推進系統集成健康管理文獻關鍵詞網路圖

為了更準確地分析推進系統、效能評估、可靠性預測和剩餘壽命預測的研究現狀與研究熱點，本書選取了三個重要的數據庫（SCI、ScienceDirect、CNKI），採用 NoteExpress2 對文獻進行系統的梳理和回顧。

在 ScienceDirect 和 SCI 中，將「propulsion system」分別與「effectiveness evaluation」「reliability prediction」和「RUL prediction」進行兩兩組合進行檢索。為了避免過多的文獻數目及保證較高的相關性，只選擇在「title」中出現檢索詞的條目。在 CNKI 中，將推進系統分別與系統健康管理、效能評估、可靠性預測和剩餘壽命預測進行兩兩組合進行檢索，為了避免過多的文獻數目及保證較高的相關性，只選擇在題目中出現檢索詞的條目。

通過閱讀標題與摘要來確定相關性，對所有文獻進行初步篩選和整理，得到的文獻匯總情況如表 1.1 所示。

表 1.1　　　　　　　　　　文獻分佈　　　　　　　　　單位：篇

問題 數據庫	推進系統		
	效能評估	可靠性預測	壽命預測
ScienceDirect	98	108	166
SCI	184	1,165	32
CNKI	71	91	194
合計	488	1,364	392

（1）推進系統與效能評估。

對於推進系統與效能評估的組合，在通過對文獻進行初步篩選整理後，得到 488 篇文獻。但是 SCI 數據庫中有重疊的題錄，所以需要對文獻進行「查找重複題錄（文獻）」操作。設置「待查字段（E）」屬性為「標題；年份；作者」，設置「匹配度（M）」為「模糊」，選擇「大小寫不敏感（C）」查找出重複的題錄後，得到了有 353 題錄的基礎數據庫。然後選擇「文件夾統計信息」，分別統計「年份」「期刊」「作者」得到圖 1.4 至圖 1.6。文獻總體統計結果如表 1.2 所示。

圖 1.4　推進系統與效能評估組合情況年份分佈

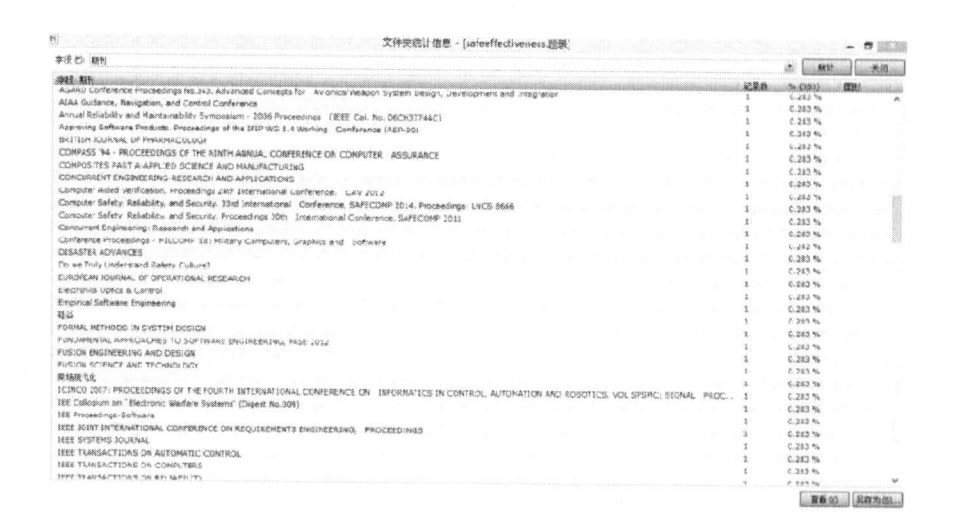

圖 1.5　推進系統與效能評估組合情況期刊分佈

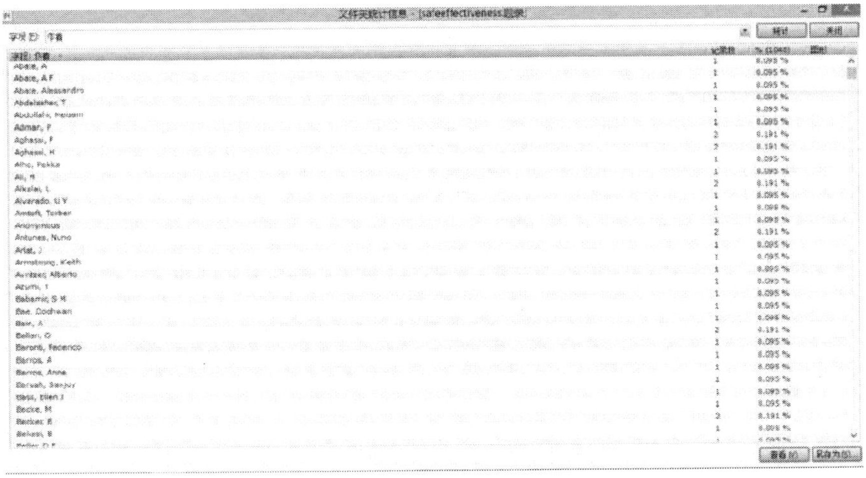

圖 1.6　推進系統與效能評估組合情況作者分佈

表 1.2　　推進系統與效能評估組合情況文獻總體統計結果

年份	2013 年：52（14.731%） 2011 年：40（11.331%） 2012 年：34（9.632%） 2010 年：28（7.932%）
關鍵期刊	IEEE Transactions on automatic control：11（3.883%） ACM Transactions on embedded computing systems：9（2.556%） Reliability engineering & system safety：8（2.276,7%） Real-Time systems：6（1.711%） Journal of systems and software：5（1.426%）
作者	8 篇文獻的作者：F. Aghassi 7 篇文獻的作者：B. Becker 7 篇文獻的作者：Cao, Guangming 3 篇文獻的作者：L. Aikalai 3 篇文獻的作者：S. Dajani-Brown

（2）推進系統與可靠性預測。

對於推進系統與可靠性預測的組合，在通過對文獻進行初步篩選和整理後，得到 1,364 篇文獻。但是 SCI、ScienceDirect 和 CNKI 的數據庫有重疊，所以需要對文獻進行「查找重複題錄（文獻）」操作。設置「待查

字段（E）」屬性為「標題；年份；作者」，設置「匹配度（M）」為「模糊」，選擇「大小寫不敏感（C）」查找出重複的題錄後，查找出 108 篇重複的題錄，得到了有 1,256 題錄的基礎數據庫。然後選擇「文件夾統計信息」，分別統計「年份」「期刊」「作者」得到圖 1.7 至圖 1.9。文獻總體統計結果如表 1.3 所示。

圖 1.7　推進系統與可靠性預測組合情況年份分佈

圖 1.8　推進系統與可靠性預測組合情況期刊分佈

圖 1.9　推進系統與可靠性預測組合情況作者分佈

表 1.3　推進系統與可靠性預測組合情況文獻總體統計結果

年份	2011 年：87（6.927%） 2013 年：85（6.768%） 2012 年：76（6.051%） 2009 年：72（5.732%）
關鍵期刊	Reliability engineering & system safety：30（2.389%） IEEE Transactions on reliability：14（1.115%） Fujitsu：7（0.557%） Journal of systems and software：6（0.478%） Fujitsu scientific technical journal：6（0.478%）
作者	21 篇文獻的作者：Anonymous 12 篇文獻的作者：M. Hecht 8 篇文獻的作者：B. Cukil 8 篇文獻的作者：H. Hecht 8 篇文獻的作者：B. W. Johnson

（3）推進系統與壽命預測。

對於推進系統與壽命預測的組合，在通過對文獻進行初步篩選和整理後，得到 402 篇文獻。但是 SCI、ScienceDirect 和 CNKI 的數據庫有重疊，所以需要對文獻進行「查找重複題錄（文獻）」操作。設置「待查字段

（E）」屬性為「標題；年份；作者」，設置「匹配度（M）」為「模糊」，選擇「大小寫不敏感（C）」查找出重複的題錄後，查找出 167 篇重複的題錄，得到了有 235 題錄的基礎數據庫。然後選擇「文件夾統計信息」，分別統計「年份」「期刊」「作者」得到圖 1.10 至圖 1.12。文獻總體統計結果如表 1.4 所示。

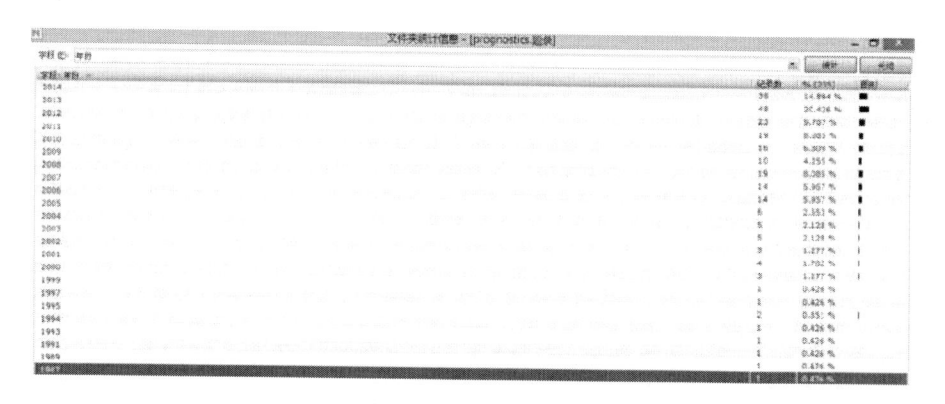

圖 1.10 推進系統與壽命預測組合情況年份分佈

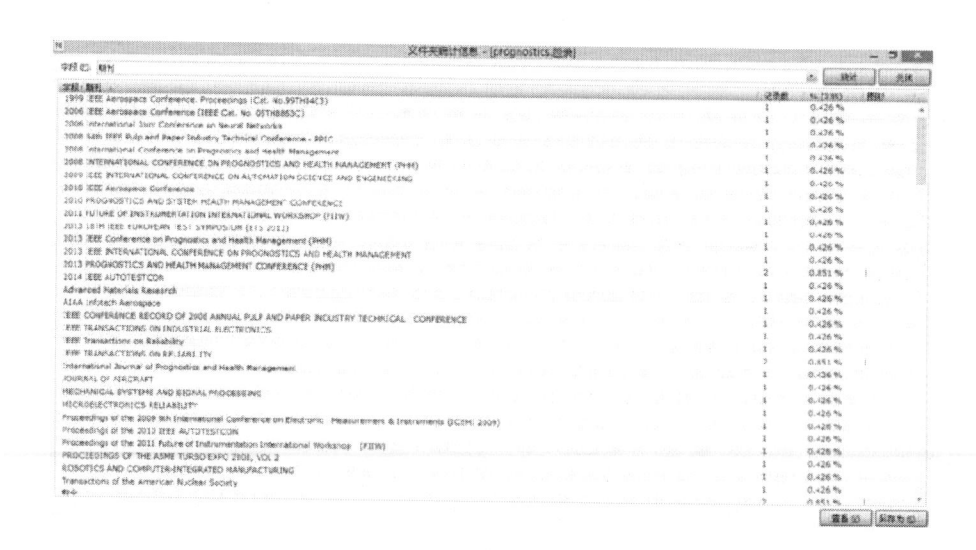

圖 1.11 推進系統與壽命預測組合情況期刊分佈

圖 1.12　推進系統與壽命預測組合情況作者分佈

表 1.4　　　推進系統與壽命預測組合情況文獻總體統計結果

年份	2013 年：48（20.426%） 2014 年：35（14.894%） 2012 年：23（9.787%） 2011 年：19（8.085%）
關鍵期刊	IEEE Transactions on industrial electronics：8（3.404%） IEEE Transactions on reliability：8（3.404%） International journal of prognostics and health management：7（2.988%） Journal of aircraft：6（2.553%） Microelectronics reliability：5（2.127%）
作者	8 篇文獻的作者：Bodden, S. David 7 篇文獻的作者：Clements, N. Scott 7 篇文獻的作者：K. Goebel 6 篇文獻的作者：Grube, Bille 6 篇文獻的作者：Hadden, Wes

接下來，以上面的數據庫為基礎，對推進系統、效能評估、可靠性預測和壽命預測的研究現狀進行介紹。

1.2.1 效能評估

第二次世界大戰結束以後，系統效能的問題逐漸凸顯，引起了學者們的廣泛關注。歸結系統效能問題凸顯的原因主要有以下幾方面：第一，伴隨製造技術的進步，加上第二次世界大戰後各國對武器裝備的重視程度提高，武器裝備結構更加複雜，運行環境和任務使命更加具有挑戰，因此，武器裝備的性能不確定性也大大增加，對武器系統效能的關注也隨之增加。第二，第二次世界大戰後，迫於技術進步和人民生活所需，各國重視工業生產發展，工廠企業發展迅速，規模化生產日益常態化，流水作業大大提高了生產效率，但是由於精細化程度較低、次品率較高，企業投資收益率不高的問題逐漸凸顯，引起了工業生產和經濟管理領域專家的關注。第三，第二次世界大戰戰後，國際環境相對穩定，在全球和平發展的大主題下，各個國家和地區的政府組織不斷重視職能的轉變，對政府機構服務效果的評價的分析研究逐漸增多。在此基礎上，本書從系統科學的角度出發，就航天器推進系統的電子系統進行分級效能評估，以準確分析其性能，提高航天器安全達成規定任務的能力。

1.2.2 可靠性預測

第二次世界大戰後，可靠性的定量計算概念被首次提出，可靠性便逐漸在許多重要理論和實踐領域得到研究和應用，如航空航天、國防武器、醫療器械、精密儀器生產等。各個國家和地區也先後建立了可靠性研究機構並制定了一系列的可靠性標準，以規範在航天工業、武器裝備、精密儀器等領域的生產活動。美國先後制定了可靠性通用大綱、可靠性預計、故障模式及影響分析、故障樹分析等標準；蘇聯也制定了包括可靠性理論、實驗、數據反饋等的《ГОСТ-27 可靠性》標準；1965 年國際電子技術委員會成立了可靠性技術委員會，推動了可靠性研究的國家化發展。中國也

於 20 世紀 50 年代開始展開可靠性的相關研究，先後成立了多個可靠性研究機構，陸續推出各種類型可靠性標準體系，推動可靠性技術的進步。

1.2.3 壽命預測

自 20 世紀 50 年代到 60 年代感官和簡單儀表的壽命預測的提出之後，壽命預測就廣泛運用於許多重要理論和實踐研究及應用中，如航空航天工程、軍事武器裝備、醫療器械等領域。隨著科技的進步，人類的腳步逐漸由地面邁向遠太空，越來越多的航空航天活動使得航天事業取得驕人的成績，然而作為航天活動的主要工具的航天器卻不斷地發生故障並造成嚴重損失，使人們不得不關注航天器安全。壽命預測作為航天器安全保障的主要內容越來越受到重視，關於壽命預測的研究也逐漸湧現出來，但是由於航天器結構的複雜性及運行環境的嚴酷性，剩餘壽命預測技術仍需要不斷完善和改進，以滿足更高、更嚴的安全要求。

1.2.4 現狀評述

這部分介紹了安全關鍵系統、系統健康管理、效能評估、可靠性預測以及壽命預測等相關領域文獻的研究現狀，及其在航天器推進系統安全問題方面的相關研究。總結已有的文獻，主要在以下四個方面存在問題。

（1）安全關鍵系統。

安全關鍵系統是指那種一旦失效會導致生命、財產損失慘重或者生態環境破壞嚴重的系統。自 20 世紀 80 年代加利福尼亞大學 N. G. Leveson 教授提出安全關鍵系統的概念之後，安全關鍵系統相關的討論和研究不斷湧現，引起許多學者關注，如美國 Virginia 大學的 J. C. Knight 教授、英國 Reading 大學的 J. P. Bowen 教授。歐洲、美國等發達國家和地區相繼推行了傾斜政策，積極推進安全關鍵系統的相關研究。相關機構也積極開展安全關鍵系統的科研項目，如 NASA（美國國家航天局）、英國的 MoD（國

防部）等。30年來，關於安全關鍵系統的研究取得了頗多成果，並成功運用於航空航天、國防軍事、醫療、工業生產活動中，解決了諸多關鍵問題。號稱「世界上最先進飛機」的波音777就採用了安全關鍵計算機系統，實現了通信的協調，保障了飛行任務的完成。針對航天器的安全關鍵系統的相關理論比較匱乏，已有對航天器的安全關鍵系統的理論研究只是宏觀、籠統的描述，對具體航天器推進系統中電子系統、軟件系統及發動機這系列安全關鍵系統的具體研究有待完善。事實上，在實際生活中，由於電子系統、軟件系統及發動機系統安全問題而造成的航天器失效和航天任務失敗的事件時有發生，應該引起重視，特別是對案例的分析和研究。

（2）系統健康管理。

系統健康管理的概念是針對多狀態複雜系統的安全問題提出的，目前已經在許多重要理論和實踐領域得到廣泛的研究和應用，如航空航天工程、武器裝備、醫療精密儀器等領域。隨著科學技術的不斷進步，航空航天等領域不斷取得突破，但是隨之而來的技術和成本問題也逐漸凸現出來。1986年，美國的航天飛機「挑戰者」發生爆炸，造成7名宇航員遇難和將近2億美元的經濟損失；2003年，美國「哥倫比亞」號航天飛機發生意外，造成多名宇航員遇難以及數億美元的經濟損失；2014年，馬來西亞航空公司的「MH370」和「MH17」客機先後發生失聯事件，導致數百名乘客遇難以及數億元的經濟損失。這些嚴重的、災難性的事件的不斷發生，迫使人們對複雜系統的健康管理關注起來。起初，對複雜的系統的健康管理主要是採取預防性的理念，即無論系統是否發生故障，定期對系統進行檢查，若發現故障進行排除，或者在故障發生之後進行修復。多起事故發生使得人們對這種健康管理方法進行改進，以克服其缺點。若定期檢修間隔時間太長，在間隔期間可能發生故障；若間隔時間太短，可能造成過度檢修，成本大幅增加，影響任務的完成。根據相關資料顯示，美國國防部每年對戰鬥機進行維修的費用達200億美元；在美國航天運載火箭的

設計研製報告中提到，為了確保航天任務的達成，在每一個任務週期的維修費用多達400萬美元，同時有將近200個小時的多小組預防性維修。維修報告還顯示，維修費用占到設計和生產成本的15%～35%，並且其中將近1/3的費用是由於不必要、不準確的維修產生的。如此高昂的成本費用使得美國政府和軍方倍感壓力，從而開展各種研究以解決該問題。「視情維修」的概念被提出，並且逐漸代替之前的「預防性維修」。「視情維修」和早期的「預防性維修」的主要區別在於其著眼於系統狀態趨勢的即時監測，將故障排除在萌芽狀態。因此，產生了一種基於「視情維修」的故障診斷和健康管理（PHM）概念。其旨在通過對有限的集成傳感器信息進行分析處理，運用各種數理方法，根據系統特徵，建立符合故障機理的預測、評估、診斷模型，從而為維修決策提供支持，以大大提高維修的精確性，降低維修費用成本。但是，隨著系統的複雜程度不斷增加以及運行的環境更加嚴酷，任務的難度不斷提升，該種方法在處理問題上逐漸暴露出諸多問題，因此提出了綜合系統健康管理（ISHM）的概念。它主要是以狀態監測為邏輯起點，組織各領域專業人員，綜合航空航天專業、數學、機械等各專業知識，實施健康狀態評估、效能評估、壽命預測等安全評估，根據結果對系統或子系統進行維修決策，並及時向決策者反饋決策信息。集成系統健康管理中各個環節既是獨立的一個部分，又是相互聯繫、彼此支撐的有機整體。在對子系統執行時需要同時考慮整個系統的情況，同樣，在執行某一環節時，需要以整個過程為依託。目前，對系統健康管理的研究已比較廣泛且深入，但是對航天器推進系統的健康管理的研究比較缺乏。相對於一般的系統而言，航天器推進系統的規模更大、結構更複雜、承擔的任務更加艱鉅、運行的環境更加嚴酷，系統一旦失效所造成的任務失敗及人員傷亡的損失慘重，因此對該類系統的研究十分迫切，特別是針對航天器推進系統中的電子系統、軟件系統和發動機系統這樣作為航天器的神經和心臟的安全關鍵系統的研究。

(3) 效能評估。

對系統效能評估的研究主要分佈在武器裝備、工業生產流程、政府組織等領域，比如，運用多屬性決策方法對武器裝備系統進行的效能評估，基於系統動力學原理對工業生產系統進行效能優化，以提高精細化程度，控制成本、增加效益。儘管這些研究直接或間接豐富完善了效能評估的理論和實踐，解決了諸多現實問題，但是這些方法對於推進系統的電子系統這類安全關鍵系統的效能評估並不是完全適用。對推進系統的研究，特別是推進系統中電子系統的研究比較匱乏。由於航天器推進系統中電子系統自身的結構複雜性不斷提升、航天任務的時間和距離不斷增加、運行環境更加嚴酷以及不確定性的增加，航天器推進系統電子系統的效能問題逐漸突出。

(4) 可靠性預測以及壽命預測。

針對剩餘壽命問題的研究主要集中在武器裝備、大型施工機械、醫療儀器等領域。故障診斷與健康管理（PHM）的方法理論已經比較成熟，並成功運用於複雜系統安全性問題的解決。然而在航天器推進系統的這類安全關鍵系統安全研究中，特別是發動機系統，由於其系統特性，剩餘壽命的研究尚不完善，已有的剩餘壽命的理論不完全適用於發動機系統的剩餘壽命問題，因此，對航天器推進系統發動機系統的壽命預測研究具有重大意義。

對於航天器推進系統的電子系統、軟件系統、發動機系統三個子系統的安全的評估與預測方法進行研究，通過精確地瞭解系統效能水準、可靠性狀況及剩餘壽命時間推算出系統的安全程度，以提高維修決策的準確性，對航天任務的順利達成，降低航天器安全維護的費用等都具有重要意義。

1.3 研究框架

不同國家和地區根據自身的實力均在航天工程領域各個方面取得驕人的成績，使得對空間資源的開發和探索逐漸由近地觀測向遠太空擴展。由眾多部件和子系統構成的航天器是一個非常複雜的綜合系統[3]，其中每一個子系統和部件都具有獨特的功能和性質，一旦其中一個子系統和部件出現異常或故障，將會引起整個系統功能的故障[3]。作為有機整體的一部分的各子系統之間存在故障傳播的可能，若一個子系統出現故障，很可能導致其他子系統的異常，進而對決策者的判斷造成干擾，甚至出現錯誤判斷情況。故障特徵與故障類型之間並不一定是一一對應的映射關係，且由於航天任務的特殊性和挑戰性，因此需要明確航天器安全關鍵系統，並且進行即時監測和管理，通過對海量數據的過濾來提取最能反應故障特徵的信息[23]。航天器推進系統中的電子系統、軟件系統及發動機系統在保障航天器正常運行過程中起到關鍵的作用。

1.3.1 研究思路

本書遵循問題導向的思路，通過深入調研發現問題，抽象提煉分析問題，理論推演構建模型，改進創新設計算法，實踐應用剖析算例。從航天器安全關鍵系統著手，組織各領域專家，綜合各類專業知識，針對航天器推進系統中電子系統、軟件系統以及發動機系統，分別進行效能評估、可靠性預測和剩餘壽命預測研究，歸納其具體概念模型，並進一步建立相應的動態模型，最後在實際算例應用中檢驗方法的有效性、合理性、科學性和實用性。這一過程也遵循了「理論-實踐-理論」。本書的研究思路如圖1.13所示。

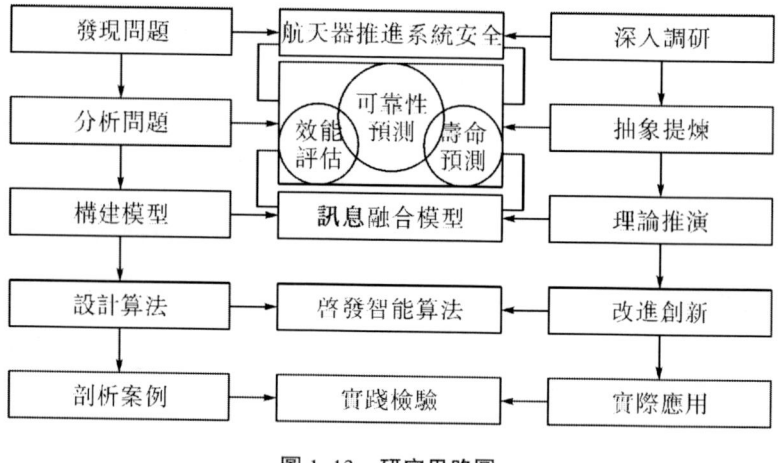

圖 1.13 研究思路圖

（1）發現問題。

本書的研究目的是尋求航天器推進系統的電子系統、軟件系統、發動機系統三個子系統的安全評估與診斷方法，提供安全相關指標數據，解決航天器任務安全及人、財、物的安全問題。通過透澈瞭解航天器安全問題的背景和迫切需求，對航天器推進系統基本構成進行分析，深入挖掘航天器推進系統中存在的各種安全隱患問題，總結出「效能-可靠性-剩餘壽命」這一關鍵問題。

（2）分析問題。

針對歸納出的關鍵問題，從理論視角進行深入分析，提煉航天器推進系統「效能-可靠性-剩餘壽命」評估與預測的深層學理。根據實際問題的具體情況，建立問題的概念模型，闡述其關鍵要素，探索其內在本質，分析概念模型中各關鍵要素所蘊含的物理性質及其相互之間的物理聯繫。從理論上抽象出這種問題的數學模型的物理原型。

（3）構建模型。

在對問題深層分析的基礎上，針對相關問題的數據收集特點，構建信息融合模型，用數學語言從信息融合角度描述航天器推進系統「效能-可靠性-剩餘壽命」評估與預測問題，以提高維修決策的精確度，降低航天

任務失敗的風險、控制成本。同時進一步分析數學模型的相關性質，演繹其等價變化，通過淨化形式邏輯推演中所產生的不具有物理意義的冗餘信息，將數學模型還原為「規範」的數學模型。

（4）設計算法。

基於「規範」的數學模型的性質和特點，針對具體情況，設計求解算法。基於啓發式智能算法，如支持向量機算法和自適應遺傳算法的設計思路，將模型的融合性特點融入算法設計之中，形成求解動態問題的改進的啓發式智能算法，以提高計算效率和穩定性，縮短求解時間。

（5）剖析案例。

將模型構建之方法與算法設計之思路應用於航天器推進系統「效能-可靠性-剩餘壽命」評估與診斷的具體問題，檢驗建模與計算方法的科學性、有效性、合理性和實用性，通過剖析案例，對計算結果進行深層分析，發現結果的內在本質規律，得出綜合系統健康管理的一般性原則，總結重要相關結論。

1.3.2 研究方法

基於集成系統健康管理的方法框架，根據研究思路，擬運用信息融合建模、理論分析、支持向量機算法、自適應遺傳算法和案例研究等方法開展研究。

（1）信息融合建模。

以問題為導向，通過廣泛的數據收集和整理發現航天器推進系統的評估與預測問題。通過系統分析，確定問題的評估變量、預測變量、診斷變量、構建狀態轉移方程以描述問題的評估變量、預測變量和診斷變量的轉換關係，用數學語言表達問題的目標函數和約束條件建立相應的信息融合模型。

（2）理論分析。

針對所建立的信息融合模型，從理論層面分析模型的數學性質，證明

模型的最優性原理，闡述擴展狀態的可達集、條件函數的最優值、支撐函數的表面空間等概念，並證明線性支撐函數的存在性以及離散時間系統的最大值原理，為信息融合模型的理論算法的設計奠定基礎。

（3）支持向量機預測算法。

基於傳統支持向量機算法的設計思路，結合實際問題的具體情況，設計基於信息融合的支持向量機預測算法，將信息融合過程通過狀態方程植入算法中，簡化核函數及適應值對解表達方式，提高計算效率和穩定性。

（4）自適應遺傳算法。

基於傳統遺傳算法的設計思路，考慮信息融合的特點，設計基於信息融合的染色體初始化、交叉和變異方式，使參數選擇的過程動態化，充分發揮遺傳算法的求解優勢，使遺傳算法能夠適用於航天器安全關鍵系統評估與診斷問題。

1.3.3 研究內容

基於集成系統健康管理的方法框架，根據研究思路，圍繞航天器推進系統「效能-可靠性-剩餘壽命」評估與預測這一核心問題，筆者將研究內容分為七個章節依次展開，框架如圖 1.14 所示。

1 引言。從研究背景、研究現狀、研究框架三個方面進行了闡述，介紹本書的理論和現實背景，闡明研究目的和意義。運用文獻綜述方法，系統梳理以安全關鍵系統、系統健康管理、效能評估、可靠性評估及剩餘壽命預測為主題的文獻，為本研究提供啟示。研究背景部分主要是通過對涉及航天器安全問題的迫切重大事件資料梳理發現問題、明確研究目的與研究意義，指出研究的重要性；研究現狀部分通過對國內外相關問題及方法研究的總結分析，指出其不足，為本研究指明方向；研究框架主要從研究思路、技術路線、研究內容三個方面對全文進行歸類概括說明，其中包含研究的方法和途徑。

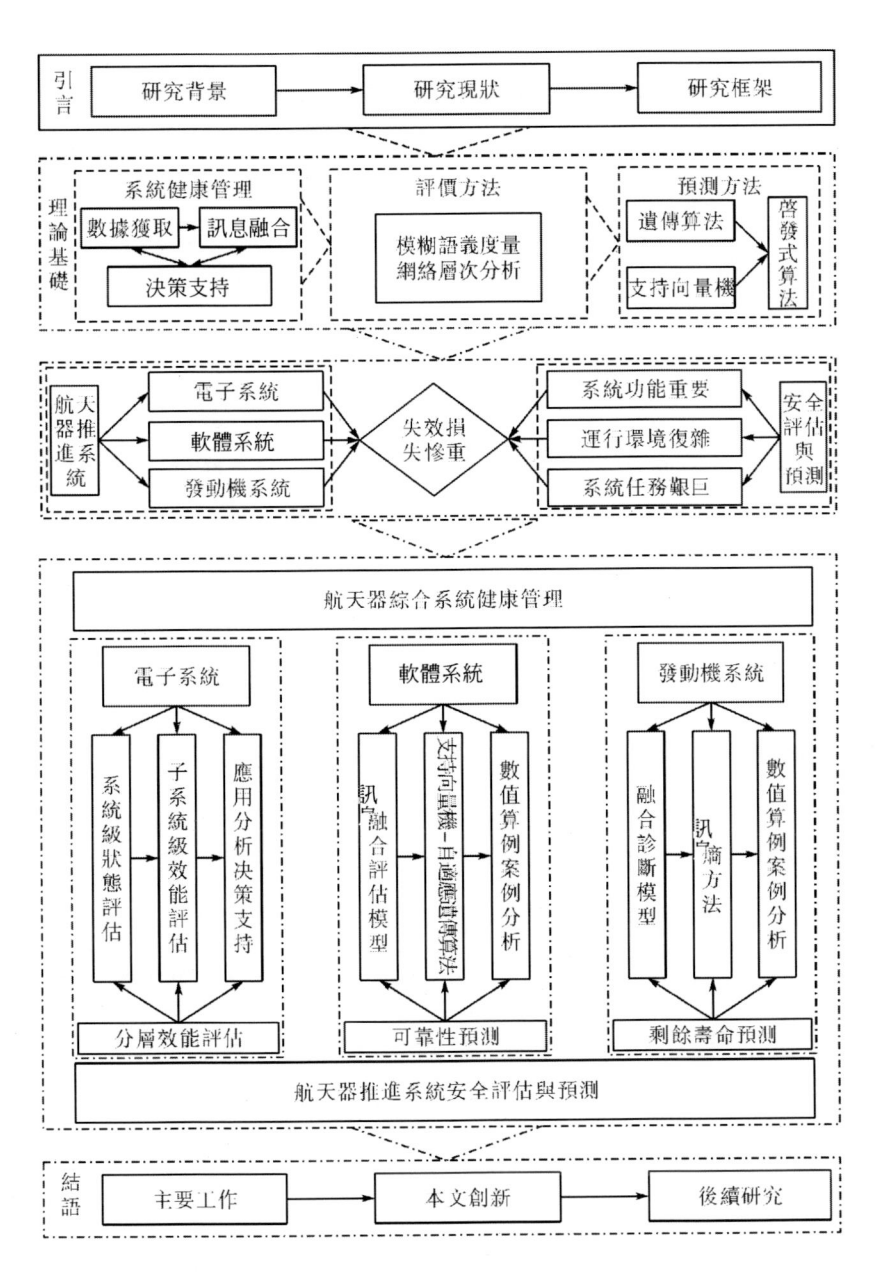

圖 1.14　研究內容框架

2 理論基礎。闡述集成系統健康管理的基本框架，包括數據獲取、集效能評估、可靠性評估、剩餘壽命預測為一體的安全評判，決策支持等。闡述了信息融合模型和啓發式智能算法，包括模糊語義度量的定義、對隸屬度函數的構建以及模糊予以尺度的運算方法。在啓發式智能算法方面，介紹了支持向量機算法、遺傳算法、網絡層次分析及信息熵計算的基本方法。

3 航天器推進系統。闡述了航天器系統構成，包括有效載荷、姿態與軌道控制（含推進）、結構與機構、熱控制、電源、測控（遙測、遙控與跟蹤測軌）、數據管理等分系統。闡述航天器推進系統中電子系統、軟件系統和發動機系統三個子系統在整體系統中的關鍵作用和特殊功能。闡述安全關鍵系統的定義，詳細描述其具體特徵，並根據定義和特徵對航天器推進系統相關理論進行分析和梳理。

4 電子系統分層效能評估。這一章考慮了模糊環境下航天器推進系統中電子系統分層效能評估問題，根據電子系統的結構特徵，按照集成系統健康管理的邏輯順序，先後建立了系統級健康狀態評估模型和子系統級效能水準評估模型。然後根據評估變量和指標的特點，將模糊語義尺度應用到解決定性指標定量化的處理過程中，結合網絡層次分析的優勢，對子系統級的效能水準進行評估。該模型和方法將系統級和子系統級的健康問題都進行了考慮，完善了航天器推進系統的電子系統在子系統級的效能評估的理論和方法。

5 軟件系統可靠性預測。這一章擬解決航天器推進系統中軟件系統的可靠性評估問題，按照航天器集成系統健康管理的邏輯順序，根據推進系統中軟件系統的特徵，進行可靠性指標的分析和選擇，圍繞指標構建了信息融合的可靠性評估模型。模型中將支持向量機算法和遺傳算法進行有機結合，並對遺傳算法的參數選擇環節進行改進，實現自動選擇參數的自適應遺傳算法，通過 AGA-SVM 智能算法對數值算例進行求解和運算，通

過分析驗證，得到精確的可靠性評估數據，擬向決策者提供有效支持，以保障維修和養護決策的合理性和科學性。

  6 發動機系統剩餘壽命預測。針對航天器推進系統中發動機系統的剩餘壽命問題，按照航天器集成系統健康管理的邏輯思路，根據航天器推進系統中發動機系統的特徵，分析其故障失效機理，在深入分析的基礎上，篩選、確定故障診斷的相關指標，建立融合診斷模型，對其剩餘壽命進行預測。在模型中引入模糊語義度量方法和信息熵的方法對模型進行求解，並通過數值算例來對模型和算法進行分析和驗證。對基於集成系統健康管理的航天器推進系統中發動機系統的剩餘壽命進行預測的理論和方法，突破了傳統的單一壽命預測的局限，豐富了航天器健康管理的理論。

2 理論基礎

航天器推進系統綜合系統健康管理是多種理論方法的綜合集成體現，其中系統健康管理為整個管理過程提供了概念框架。本章結合航天器推進系統的自身結構特徵及運行環境，將模糊系統知識引入，以處理其中的不確定問題，並在此基礎上，構建各種智能模型，得出精確數據，以支撐健康管理過程的決策。

2.1 概念框架

Wilmering 定義了綜合航天器健康管理（IVHM）的主要功能，即提供嵌入式的診斷能力的內置測試（BIT），檢測部件功能或狀態的診斷，預判一個部件剩餘的正常運作壽命時間，並根據診斷和預測信息，結合資源與運作需求來制訂相應的維護活動的健康管理方案[67,106,107,109]。由於航天器推進系統集成健康管理屬於集成航天器健康管理的發展延伸，IEEE 提出在軌健康管理與地面健康管理相結合的集成航天器健康管理應用系統架構同樣適用於航天器推進系統集成健康管理系統應用。集成航天器健康管理應用系統架構如圖 2.1 所示。它包括了機載的 IVHM 系統與地面的 IGHM 系統，且二者通過通信系統進行信息的交互傳輸。作為 IVHM 系統的細分應用，航天器推進系統這類安全關鍵系統的 ISHM 系統的核心是基於先進的集成傳感器技術，採用各種智能算法模型，對推進系統進行狀態的監測評

估、診斷、預測，並對系統健康狀態進行管理，是 IVHM 系統與 BIT 內置測試技術的延伸拓展[109,127,130,147]。

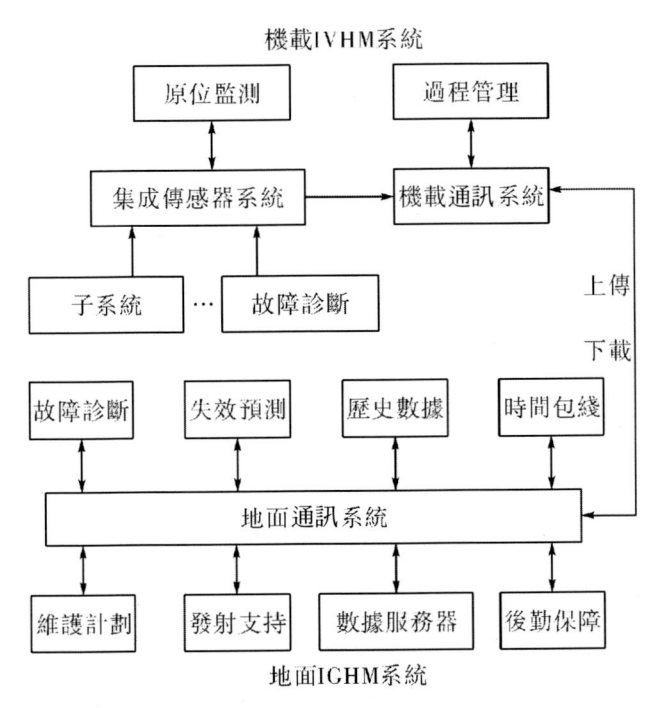

圖 2.1　集成航天器健康管理應用系統架構

2.1.1　功能介紹

集成系統健康管理最初是應用於航天器的狀態監控與載具維護中的，主要用於監控其推進系統、控制系統等機械電氣一體化的部分[108,164,240]。這類機電一體化的系統設備的故障與失效通常是經過一定的時間，由損耗或本身的缺陷發展形成的。其故障機理較為明確，即通過先進的傳感器技術與信息技術進行狀態監測與信息處理達成系統的健康管理。集成系統健康管理系統的技術功能通常體現在以下三個方面：狀態管理能力、故障管理能力、壽命預測能力。

（1）狀態管理能力。

集成系統健康管理系統中的狀態管理能力體現為對對象系統的狀態監

測與狀態評估。狀態監測是通過傳感器在航天器推進系統中布設原位監測點來實現的。狀態監測能力主要由四個方面的量化指標來進行衡量，即性能指標監測效能、關鍵性能指標監測率、安全狀態監測效能以及可用的狀態監測效能。狀態評估是基於狀態監測的定量數據結合定性評價來實現的。狀態評估能力主要以評估的及時性、全面性、客觀性與準確性來衡量。

（2）故障管理能力。

集成系統健康管理系統中的故障管理能力包含對對象系統的故障預警與故障診斷。故障診斷需體現出故障定位與故障識別能力。其中，故障定位能力能夠由對象系統的故障定位率、故障定位時間、錯誤報警率、再次測試不可重複率來評估。故障識別能力可以由對象系統故障識別率、故障識別時間以及錯誤的故障識別率來考量。

（3）壽命預測能力。

集成系統健康管理系統中的壽命預測能力包含對對象系統核心功能模塊的壽命預測。核心模塊的壽命預測能力可以由包括模塊壽命追蹤準確率、模塊剩餘壽命預測準確率、模塊剩餘壽命預測時間在內的量化指標來評判。

針對航天器推進系統的結構特點及失效和故障機理，對集成系統健康管理框架進行拓展和優化應用。航天器推進系統的集成系統健康管理採用開放系統結構，如圖2.2所示，主要包括數據獲取、安全評估預測及決策制定三個工作步驟[113,148,162,200]。數據獲取步驟處理 ISHM 所需的數據信息。一般地，用以集成系統健康管理中的評估、診斷、預測和決策的數據都需要通過預處理。從圖2.2中可以看出，基於原位監測得到的系統運行數據，評估系統當前的健康狀態，利用故障診斷定位並識別系統中發生的故障，通過失效預測系統模塊剩餘有效壽命的分佈、偏差及退化的程度來預估系統及模塊可能的失效。航天器推進系統的集成系統健康管理，首先通過對

功能模塊的原位監測獲得傳感器數據，然後通過監測到的傳感器數據，進行提取參數特徵與信息融合的數據預處理。基於數據獲取步驟中得到的系統狀態信息，結合專家經驗知識進行系統健康狀態評估。根據一定系統狀態評估結果展開隨後的故障診斷，查明和識別某些導致系統功能異常或失效的原因，並判斷、定位其產生劣化狀態的位置。針對故障診斷的結果，對故障模塊進行剩餘使用壽命的失效預測，判斷其在當前故障條件下演變為失效的時間週期長度。由上述整體概念框架的描述可知，航天器推進系統集成系統健康管理主要包括以下三方面內容：

①判斷航天器推進系統處於其健康退化過程的何種健康狀態，並量化評估系統當前健康狀態的偏離程度，決定是否進行故障診斷或直接維護。此研究屬於狀態監測、評估與健康管理的範疇。

②根據系統當前的健康狀態，判斷系統中產生故障的位置，分析引起系統異常的故障模式，並提早對故障模塊進行檢測和識別，以避免相應模塊乃至系統的功能失效。

③若系統已診斷出某模塊產生了故障，則可根據故障模塊原有的測試數據與當前的狀態偏差，對故障模塊從當前至可能失效的剩餘使用壽命進行預估，以提前預警並明確維護時間。此研究屬於針對系統模塊剩餘使用壽命的失效預測範疇。

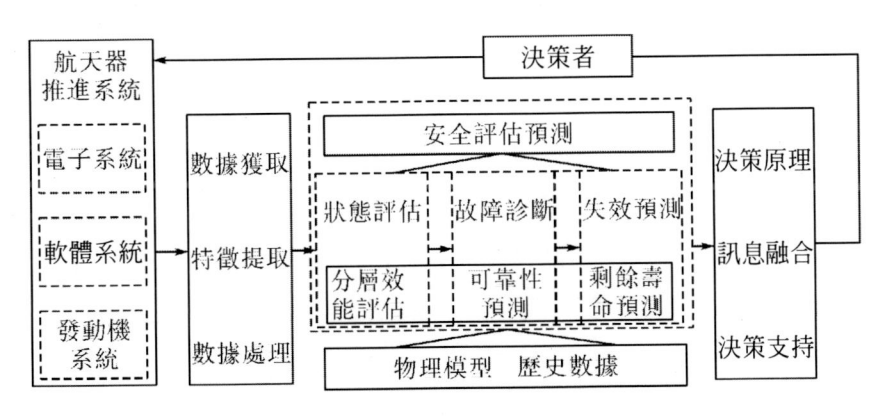

圖 2.2 航天器推進系統健康管理架構

2.1.2 關鍵理論

針對航天器推進系統集成系統健康管理的技術研究是基於綜合集成方法理論展開的，同時為應對航天器推進系統的複雜性與不確定性引入了模糊系統理論。本節簡要說明進行集成系統健康管理關鍵技術研究的綜合集成方法及模糊系統理論。

2.1.2.1 綜合集成方法

中國傑出的科學家錢學森院士從工程實際出發，以系統科學的思想開展方法論的研究，提出了處理複雜系統問題的綜合集成方法。其核心思想即處理複雜系統問題時，將跨學科的知識從多角度進行有機結合，展開綜合的分析和研究，並通過循環反覆的「分析-實踐-綜合-再分析-再實踐-再綜合」的過程，逐步實現對複雜系統問題從定性到定量與定性與定量相結合的處理。它是由人、計算機、智能軟件三類子系統構成的協調運作系統，包含專家團體、知識系統群以及計算機網絡三類子系統。可以說綜合集成方法體現了各類跨學科的科學理論、專家團體的知識和經驗以及各種數據信息同計算機技術的有機結合。定性與定量綜合集成方法的三層概念框架如圖 2.3 所示。

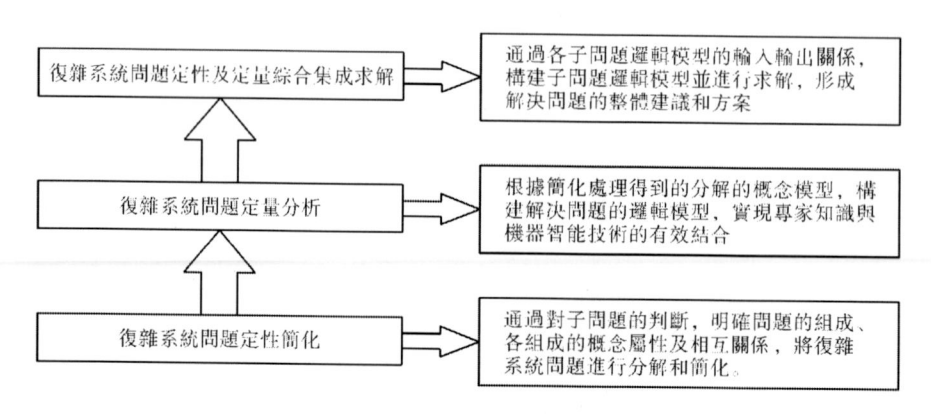

圖 2.3 綜合集成方法三層概念框架

綜合集成方法是研究和解決複雜系統問題的整體方法論，是實踐論在現代科學技術條件下的具體表現，也是將跨學科知識進行有效結合的技術。目前大家廣泛認為，綜合集成方法是現今唯一能夠有效處理開放複雜系統問題的途徑，並且在處理複雜系統問題方面體現出重要的科學意義與工程價值。

①綜合集成方法的形成，超越了傳統思維理念的束縛，否定了機械自然觀的還原論，同時也突破了傳統的整體論。

②綜合集成方法是處理複雜系統問題的重要手段之一，也是近年來系統科學與系統工程在複雜系統問題以及解決複雜系統問題的新理論、新方法研究方面的一大重要成果。

③綜合集成方法突破了傳統還原論與整體論方法的局限性，同時也汲取了兩者的優點，反應出還原論與整體論相結合的辯證統一。它既超越了還原論，又發展了整體論，屬於科學方法論研究的重大進展。

綜合集成方法的主要步驟如下：

步驟一，進行經驗性判斷或假設。這些判斷或假設通常是定性的認識，且往往不能通過嚴格科學的方法來證明，但可以通過搜集數據和信息並結合眾多的參數模型來檢測其判斷或假設的確定性。

步驟二，借助計算機與通信等現代信息技術，基於既有經驗與對系統的認識理解，並利用統計數據和各種信息建立參數模型。

步驟三，通過計算機仿真運算得出定量的計算結果。

步驟四，再經綜合的分析與判斷，達成主觀與客觀相結合的、經驗與科學相結合的、定性與定量知識相結合的綜合集成。

因此，綜合集成方法通常採用自上而下的路徑，先由整體到部分，再從部分到整體地將宏觀與微觀問題統一起來進行研究，並最終得到整體的解決方案。綜合集成的研究方法主要進行了以下四個方面的有機結合：

①定性與定量分析結合。定性分析主要通過經驗觀察或調查到的信息

進行推理判斷，從而認識某一系統的性質與變化規律。定量分析主要通過對實驗得到的數據信息進行統計、仿真運算及數學推導，從而認識某一系統的結構與發展規律。定性分析較依賴經驗，定量分析則以數據量與嚴謹的推理研究數量化問題。綜合集成方法是指定性與定量方法結合運用的方法。

②分析與綜合的結合。簡而言之，分析即認識一個系統的功能、結構和組成部分，綜合則是將各組成部分整合集成為具備相應功能的系統。採用綜合集成方法對複雜系統問題的研究需要將兩種方式交替往復地結合使用。

③跨學科專家知識的結合。研究複雜系統問題往往需要多個領域跨學科的專家團隊參與其中，經過「採集－處理－集成」的流程制訂出解決複雜系統問題的方案，因此需要對跨學科專家知識進行綜合，並且綜合的過程應貫穿問題處理的整個流程。

④經驗判斷與計算機運算的結合。專家對複雜系統的經驗判斷包含了對系統性能與結構的深刻認知，但定性的經驗判斷往往不夠精確且可能不滿足一致性。可利用計算機運算的強大數據處理能力，基於專家判斷快速地對方案及結果進行模擬仿真，即綜合集成方法能有效結合人腦與電腦的功效來進行複雜系統問題的研究。採用綜合集成方法解決複雜系統管理決策問題的步驟可歸納如下：

步驟一，確定複雜系統管理決策問題的表達方式，使對其的處理能夠盡量利用到計算機等信息技術。可採用自然語言、物理數學模型等方式對問題進行描述。

步驟二，運用與集成系統健康管理相關的知識網對集成系統健康管理技術研究進行理解，並將集成系統健康管理技術分解為相應的子問題。這一步驟也是將定性認識與定量分析相結合的重要步驟，對集成系統健康管理技術體系的理解與對恰當的子問題的分解是展開綜合集成分析處理的

基礎。

步驟三，處理定性與定量知識以形成和擴充集成系統健康管理知識庫。通過對集成系統健康管理知識的恰當表達，提取相關的專家經驗知識，再經抽象和分析形成模型處理系統運作的結果。

步驟四，構造各個子問題的求解模型。這也是將定性知識與定量分析進行綜合集成的具體和核心步驟。

步驟五，基於求解模型、算法知識庫及分析方法庫，採用適當的算法對模型進行求解，並形成對主問題的求解。

步驟六，根據求解結果，運用定性知識與定量知識進行總結與可行性分析，最終形成定性與定量綜合集成的集成系統健康管理技術方案。

2.1.2.2 模糊系統理論

模糊邏輯是一種更貼近現實的思維類型和表達方式，模糊系統正是基於這種邏輯。模糊邏輯之所以更靠近真實情況是因為其通過一系列規則和方法來科學處理現實中的模稜兩可與不確定性問題。特別是在進行一些傳統定量方法不易解決或問題數據缺乏的不確定性分析時，該方法更具優勢。

以知識和規則為支撐的模糊系統，其本質是由 IF-THEN 規則構成的數據庫。所謂 IF-THEN 規則就是用隸屬度函數來描述某種現實問題情況的語句，而對一組或者系列語句的組合便構成了模糊系統。一般而言，在信號處理、通信及自動化控制領域使用的模糊方法和理論都屬於模糊系統的範疇。值得一提的是，在進行信號處理和自動化控制問題處理時，使用的模糊方法和理論更突顯出了模糊系統。

（1）模糊集合。

傳統的集合理論是針對相關的集合元素按照「非此即彼」的確定規則進行嚴格的區分，其優點在於割分的界限清晰，便於運算和處理。然而在實際生活和生產過程中，往往存在一些無法進行明確區分的元素，難以按

照「非此即彼」的標準進行區分，或者樣本數量缺乏，但是又涉及重大安全問題的情況，此時便需要一種能夠描述不確定現象的方法和理論來進行處理，模糊集合便是運用元素在某種程度上隸屬於某個標準來進行展開的。其中，隸屬程度可表示為隸屬度函數，取值範圍介於 0 和 1 之間。目前，比較常用的隸屬度函數的數學表達為三角隸屬函數：

$$\mu(x) = \begin{cases} 1 - \dfrac{|x-m|}{\sigma}, & |x-m| < \sigma \\ 0 \end{cases} \qquad (2.1)$$

這裡，m 與 σ 分別代表三角隸屬函數的中點和寬度，如圖 2.4 所示。

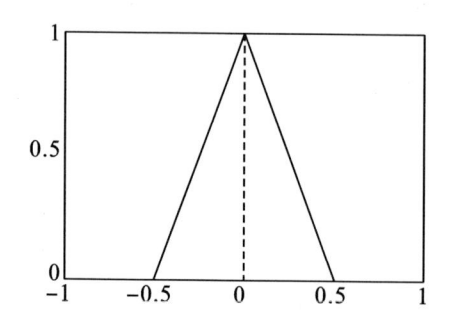

圖 2.4 三角隸屬函數

（2）模糊規則。

模糊 IF-THEN 規則將專家知識表述成模糊語義變量，使模糊系統具有顯著優勢。由一組 IF-THEN 規則組成的知識庫是模糊系統的核心。常見的模糊規則有純粹的模糊模型與 TSK（Takagi-Sugeno-Kang）模型。

①模糊 IF-THEN 規則。

模糊 IF-THEN 規則採用「IF X THEN Y」語言描述，具有句式簡單的特點，常用於解決不確定條件下的推理問題，尤其方便解決不確定條件下的決策問題。

由系列模糊 IF-THEN 規則組成的知識庫是模糊邏輯系統的核心。該知識庫使專家語義得到量化，方便系統進行運算。就模糊 IF-THEN 規則而

言，其輸入與輸出均為模糊集，例如：

$$R^i: \text{IF } x \text{ is } A_i \text{ THEN } y \text{ is } B_i, \ i=1, \cdots, n \quad (2.2)$$

其中，x，y 是語義變量，A_i 和 B_i 都模糊語言表達，並且 A_i 和 B_i 分別為語義變量的輸入和輸出，指第 i 個規則。因此，每個模糊 IF-THEN 規則都存在一個模糊集合。

②TSK（Takagi-Sugeno-Kang）模型。

模糊系統的 TSK 模型包含了一系列的模糊 IF-THEN 規則，形式如下所示：

$$R^i: \text{IF } x_i \text{ is } A_{i1} \text{ and } x_p \text{ is } A_{ip}, \text{THEN } y_i = b_{i0} + b_{i1}x_1 + \cdots + b_{ip}x_p \quad (2.3)$$

其中，$i=1, \cdots, M$。$A_{ij}(j=1, \cdots, p)$ 是先行模糊集，y_i 是第 i 個規則的輸出值，$b_{il}(l=1, \cdots, p)$ 是相應的參數。該模型的整體輸出結果如下：

$$y^* = \frac{\sum_{i=1}^{M} \tau_i y_i}{\sum_{i}^{M} \tau_i} \quad (2.4)$$

這裡 τ_i 是 R_i 的映射強度，定義為：

$$\tau_i = A_{i1}(x_1) \times \cdots \times A_{ip}(x_p) \quad (2.5)$$

每一條規則都有一個如公式（2.3）的形式，其中 $A_{ij}(x_j)$ 是用三角隸屬函數表述的模糊集合：

$$\mu A_{ij}(x_j) = \exp\left\{-\frac{1}{2}\left(\frac{x_j - mA_{ij}}{\sigma A_{ij}}\right)^2\right\} \quad (2.6)$$

其中，mA_{ij} 和 σA_{ij} 分別表示第 i 條規則的第 j 個隸屬度函數的中心和寬度。$j=1, \cdots, p$。$i=1, \cdots, M$。

（3）模糊推理。

由於模糊推理在解決模糊現象類型的複雜推理問題中表現突出，而模糊現象普遍存在，所以模糊推理也得到廣泛應用。如圖 2.5 所示，模糊推理系統主要由模糊化、模糊規則庫、模糊推理方法及去模糊化及部分組成[18]。

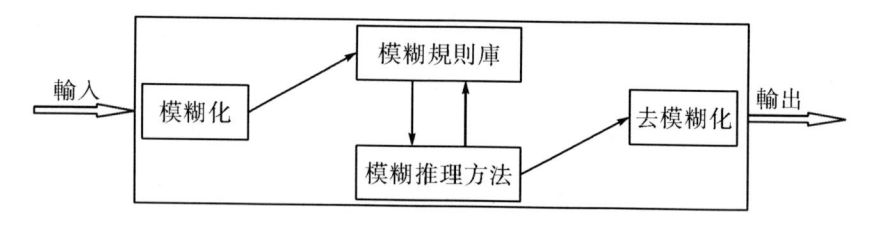

圖 2.5　模糊推理系統

為滿足實際工作需要，模糊系統的輸入和輸出必須是精確值。模糊系統推理過程如圖 2.6 所示。

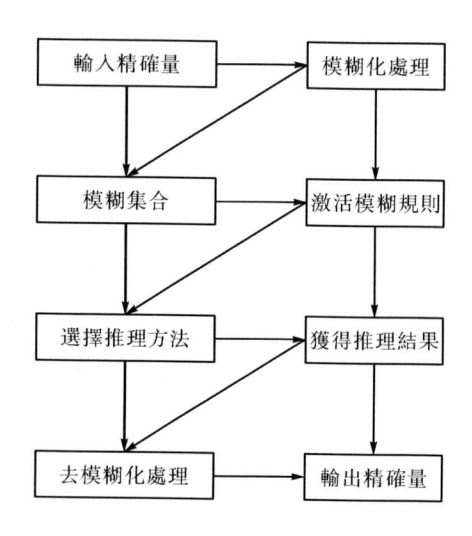

圖 2.6　模糊推理系統工作機理

2.2　技術方法

基於集成系統健康管理框架的航天器推進系統的效能評估、可靠性評估及壽命預測的展開需要根據不同子系統的結構特徵和失效機理來選擇不同的方法。本節對網絡分析法、支持向量機和遺傳算法等主要的評估與預測方法進行簡要介紹。

2.2.1 網絡分析

網絡分析法（Analytic Network Process，ANP）是應用最廣泛的多準則決策技術之一，最早由 Saaty[190] 提出。它是層次分析法（Analytic Hierarchy Process，AHP）的延伸和擴展。AHP 廣泛應用在多個領域，如性能評估[141,143]、環境影響評估[138]、工作選擇[142]、維護策略選擇[236]、智力資本管理[73]和銀行帳戶選擇[128]。最近，出現了大量研究 ANP 的文章，包括物流服務供應商的選擇報告[202]、識別核心技術[131]、測試部門的競爭能力和性能水準[149]、航天工業的 SWOT 分析[95]、研發項目評估[136]、對於溫泉旅館績效評估[81]、綠色供應鏈評估[70]、非傳統的加工工藝的選擇[97]、綠色供應商的發展項目評估[101]、維護性能指標的選擇[214]、機床的選擇[173]、產品研發[235]等。

2.2.1.1 ANP 的基本步驟

一般來說，在應用 ANP 方法時有四個步驟，如下所示：

①網絡模型的構建；

②兩兩比較和優先級矢量的創建；

③超級矩陣的形成和轉化；

④確定最終排名優先。

2.2.1.2 ANP 的計算方法

步驟一，形成網絡結構。首先由專家參與確定完整全面的指標，然後找出各一級指標、二級指標及備選方案之間的內在聯繫，並展示在網絡結構中。此外，獲得的內在聯繫包括指標等級之間的內在關聯和指標等級內的關聯。

步驟二，兩兩比較矩陣的構建及局部權重的獲得。根據在網絡結構中的關係，進行兩兩比較矩陣計算，以獲得在網絡結構各因素的局部權重值。在該步驟中，將採用以下操作：在分配成對比較矩陣的比較值後，根

據公式（2.7），從特徵向量計算局部權重值，A、w 和 λ_{max} 在方程中分別對應兩兩比較矩陣、特徵向量和特徵值。

$$Aw = \lambda_{max} \omega \tag{2.7}$$

$$A = \begin{bmatrix} a_{11} & a_{12} & \cdots & a_{1n} \\ a_{21} & a_{22} & \cdots & a_{2n} \\ \vdots & \vdots & \vdots & \vdots \\ a_{n1} & a_{n2} & \cdots & a_{nn} \end{bmatrix}$$

運用公式（2.8）對矩陣 A 進行計算，在公式中，a_{ij} 表示在成對比較矩陣的成對比較值：

$$A = [a_{ij}]_{n \times n} \quad i = 1, 2, \cdots, n \quad j = 1, 2, \cdots, n \tag{2.8}$$

然後得到歸一化的兩兩比較矩陣 B，其中包括由公式（2.9）計算出的 b_{ij} 值。

$$B = \begin{bmatrix} b_{11} & b_{12} & \cdots & b_{1n} \\ b_{21} & b_{22} & \cdots & b_{2n} \\ \vdots & \vdots & \vdots & \vdots \\ b_{n1} & b_{n2} & \cdots & b_{nn} \end{bmatrix}$$

$$b_{ij} = \frac{a_{ij}}{\sum_{i=1}^{n} a_{ij}} \quad i = 1, 2, \cdots, n \quad j = 1, 2, \cdots, n \tag{2.9}$$

通過公式（2.10）的計算可以得出特徵值 w_i，從而得出特徵向量 w。

$$W = \begin{bmatrix} w_1 \\ w_2 \\ \vdots \\ w_n \end{bmatrix}, \quad w_i = \frac{\sum_{i=1}^{n} b_{ij}}{n} \quad i = 1, 2, \cdots, n \tag{2.10}$$

接下來，通過公式（2.11）得到 λ_{max} 的值，然後通過公式（2.12）和（2.13）對方程的一致性進行檢驗。

$$W' = \begin{bmatrix} w'_1 \\ w'_2 \\ \vdots \\ w'_n \end{bmatrix}, \quad \lambda_{max} = \frac{1}{n}\left(\frac{w'_1}{w_1}+\frac{w'_2}{w_2}+\cdots+\frac{w'_n}{w_n}\right) \qquad (2.11)$$

$$CI = \frac{\lambda_{max}-n}{n-1} \qquad (2.12)$$

$$CR = \frac{CI}{RI} \qquad (2.13)$$

步驟三，將未加權的和加權的值形成限制超級矩陣，以獲得最終的權重值。

通過定位方便本列的局部權重，以獲得超級矩陣。一般情況下，超級矩陣一列的值應該大於 1。群集通過不斷的加權和歸一化處理，直到得到超級矩陣，每列值為 1。這種新得到的超級矩陣通常被稱作超級加權矩陣[202,233]。

如果 k 是一個較大的隨機數，那麼將超級矩陣的系數增加為 $2k+1$，成為近似限制，是重要性權重。同時稱新的矩陣為限制超級矩陣，對超級矩陣中的每一列進行正常化處理，得到指標的全局權重。

2.2.2 支持向量

自 1998 年 Vapnik 完整提出運用 SVM（support vector machine）方法的概念[215]，諸多學者關注支持向量機方法，不斷對其進行改進[193,196,198,208]並將其廣泛地運用到解決各個領域的實際問題中，如手寫數字辨識[192,231,232]、面目特徵辨識[133-135,179,180]以及文本分類等模式識別方面[72,91,115,168]。此外，SVM 在處理實際預測問題時也表現出較好的預測能力[65,66,80,114,121,132,145,212]。部分文獻對非線性 SVM 中的核問題進行了詳細的研究[194-195,197,201,208]。

這裡就常用的 ε-SVM 方法進行重點介紹。給定一組數據點 $\{x_1, y_1, \cdots, x_i y_i\}$，假設 $x_i \in R$ 是一個輸入集，$y_i \in R$ 是一個目標輸出集，那麼標準的支持向量迴歸方程為：

$$\min_{\omega, b, \xi\xi^*} \frac{\omega^T \omega}{2} + c\sum_{i=1}^{n}\xi_i + c\sum_{i=1}^{n}\xi^*$$

$$\text{S.t: } \omega^T \phi(x_i) + b - y_i \leq \varepsilon + \xi_i \quad (2.14)$$

$$\omega^T \phi(x_i) + b - y_i \leq \varepsilon + \xi^*$$

其中 $\xi_i, \xi^* \geq 0, i = 1, 2, \cdots, n$。

為了解決上述問題，這裡對拉格朗日函數的概念進行介紹，並根據對偶和鞍點條件，我們可以得到雙重形式：

$$\min_{\sigma, \sigma^*} \frac{1}{2}(\sigma - \sigma^*)^2 Q(\sigma - \sigma^*) + \varepsilon \sum_{i=1}^{n}(\sigma_i + \sigma_i^*) + \sum_{i=1}^{n} y_i(\sigma_i - \sigma_i^*) \quad (2.15)$$

$$\text{S.t: } \sum_{i=1}^{n}(\sigma_i + \sigma_i^*) = 0, \ 0 \leq \sigma_i, \ \sigma_i^* \leq 0, \ i = 1, 2, \cdots, n$$

$$\omega = \sum_{i=1}^{n}(\sigma_i + \sigma_i^*) \quad (2.\ )$$

這裡，$Q_{ij} = k(x_i, x_j) = \phi(x_i)^T \phi(x_j)$，其中 $k(x_i, x_j)$ 為核函數，只要一個函數滿足默瑟要求，就可以被用來作為核函數。主要的核函數有以下幾種：

① 內積核函數 $k(x, x_i) = x^T x_i$；

② 多項式核函數 $k(x, x_i) = (\gamma x^T x_i + \gamma)^p$；

③ 徑向基核函數 $k(x, x_i) = \exp(-\gamma \| x - x_i \|^2)$；

④ 多層感知機核函數 $k(x, x_i) = \tanh(\gamma x^T x_i + \gamma)$。

通過上述分析，可以得到最優的分類方程

$$f(x) = \sum_{i=1}^{n}(\sigma_i^* - \sigma_i) k(x_i, x) + b \quad (2.17)$$

2.2.3 遺傳算法

對於複雜系統診斷的求解，也有不少學者使用遺傳算法（Genetic Algorithm，GA）。20世紀70年代中期，美國著名教授 Holland 提出隨機化搜索方法，即遺傳算法[90,116]。其尋優的過程，採用概率方法，不需要任何確定的尋優準則，能自動適應和調整優化的搜索方向[50,59]，並且廣泛地用於智能模擬[49,103,144]、無線電信號處理等領域[76,187,237]。

遺傳算法針對模擬生物進化的全過程，抽象染色體間複製、交叉以及變異等過程和生物自然選擇現象，開始於一個初始種群，通過概率的方法，進行選擇、交叉和變異等操作，產生更具適應能力的新個體。整個種群進化過程向更能適應環境的種群空間搜索，隨著種群多代的進化繁衍，最終收斂於最優的個體。該個體通過解碼，得到相關問題的最優解[52,55,75,79,98,163]。

通過遺傳學與計算科學之間理論與實踐的互相交叉，創造出遺傳算法，因此遺傳算法採用了一些自然遺傳學中的術語，具體見圖2.7。

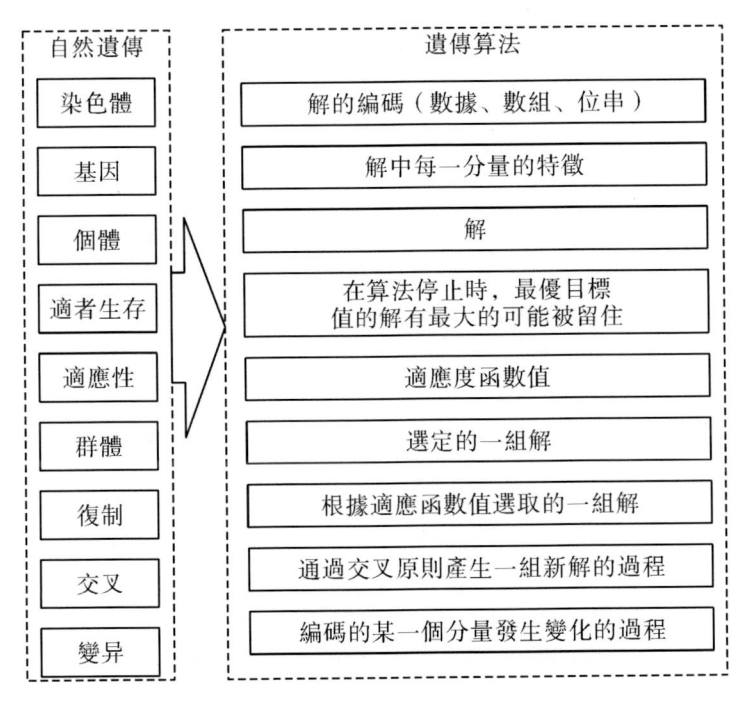

自然遺傳	遺傳算法
染色體	解的編碼（數據、數組、位串）
基因	解中每一分量的特徵
個體	解
適者生存	在算法停止時，最優目標值的解有最大的可能被留住
適應性	適應度函數值
群體	選定的一組解
復制	根據適應函數值選取的一組解
交叉	通過交叉原則產生一組新解的過程
變異	編碼的某一個分量發生變化的過程

圖2.7 遺傳算法與自然遺傳學的術語對比

一般遺傳算法的步驟如圖 2.8 所示，具體包括以下幾個步驟。

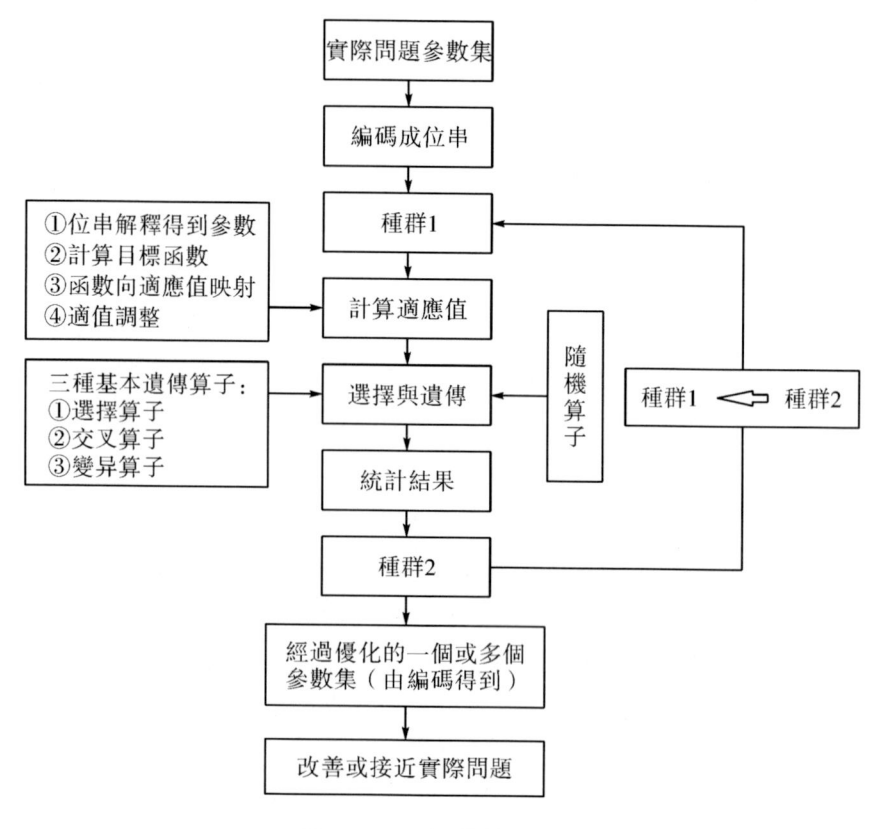

```
                    ┌─────────────────┐
                    │  實際問題參數集  │
                    └────────┬────────┘
                             ↓
                    ┌─────────────────┐
                    │   編碼成位串    │
                    └────────┬────────┘
                             ↓
┌──────────────────┐  ┌─────────────────┐
│①位串解釋得到參數 │  │     種群1       │←──────────────┐
│②計算目標函數    │→ │                 │               │
│③函數向適應值映射│  └────────┬────────┘               │
│④適值調整        │           ↓                         │
└──────────────────┘  ┌─────────────────┐               │
                      │   計算適應值    │               │
                      └────────┬────────┘  ┌────────┐   │
┌──────────────────┐           ↓           │        │   │
│三種基本遺傳算子: │  ┌─────────────────┐  │        │  ┌──────┐ ┌──────┐
│①選擇算子        │→ │   選擇與遺傳    │← │隨機算子│  │種群1 │⇐│種群2 │
│②交叉算子        │  │                 │  │        │  └──────┘ └──────┘
│③變异算子        │  └────────┬────────┘  │        │
└──────────────────┘           ↓           └────────┘
                      ┌─────────────────┐
                      │    統計結果     │
                      └────────┬────────┘
                               ↓
                      ┌─────────────────┐
                      │     種群2       │───────────────┘
                      └────────┬────────┘
                               ↓
                   ┌──────────────────────┐
                   │經過優化的一個或多個  │
                   │參數集（由編碼得到）  │
                   └──────────┬───────────┘
                              ↓
                   ┌──────────────────────┐
                   │  改善或接近實際問題  │
                   └──────────────────────┘
```

图 2.8　一般遺傳算法步驟

① 編碼。運用遺傳空間的基因型串結構數據編碼處於解空間的解數據。常用的編碼方式有二進制編碼、實數編碼、字母或整數排列編碼以及一般數據結構編碼。

② 產生初始種群。運用概率方法得到基因型串結構數據，其中單個數據為初始個體，數據組為初始種群。

③ 適應度值評價。運用適應度函數評測出每個個體適應環境的能力。

④ 選擇。對種群使用選擇算子。選擇的基本功能是通過一定方式，從當前種群選擇優質的個體。常用的選擇算子方式有輪盤賭選擇、選擇、穩態複製、競爭選擇、比例與排序變換等。

⑤ 交叉。對種群使用交叉算子。交叉的基本功能是通過種群中個體染色體的互換，產生了組合父輩特徵的新個體。

⑥ 變異。對種群使用變異算子。變異是通過染色體上基因位置的變換而得到新的染色體，以防止整個進化過程的提早收斂。

常選擇的變異方式包括非均勻變異、高斯變異和有向變異。

2.3　本章小結

本章結合航天器推進系統安全評估和預測需要，介紹了研究所需要的各種基礎理論内容。其中，綜合集成方法介紹了其方法的内涵，以及運用綜合集成方法解決複雜問題時的一般步驟，同時就常用的幾種評估與預測方法集成方式進行闡述；模糊系統理論主要介紹了模糊集合、模糊規則及模糊推理等内容，旨在處理在健康管理過程中出現的不確定信息，以提高數據的精確性和科學性。

健康管理技術方法主要介紹了網絡層次分析法、支持向量機預測方法及遺傳算法等。該部分對相關理論和方法進行了歸納總結，為後續研究奠定了基礎。

3 航天器推進系統

伴隨技術的進步，以及航天器自身結構和其任務難度逐漸增加，對航天器的安全要求也更高。系統安全性是指系統處於可預測的、可接受的最小事故損失下正常工作的特性[2]。針對載人航天而言，系統安全包括兩個方面的內容：一方面是航天器完成任務的有效性。另一方面是救生系統工作的有效性。換言之，載人航天的系統安全可以具體分為兩種安全問題，即航天器的任務安全問題和不同使用環境下、不同訓練水準和飛行階段時人員的安全問題。

航天器系統是由諸多子系統、零部件構成的有機統一體，各子系統的功能不相同但是又相互聯繫，任何一個子系統的安全與航天器系統安全息息相關。如果某個子系統出現故障，則會影響其他子系統的信號獲取並導致數據異常，從而導致更大範圍甚至整個系統的安全降低，威脅航天任務和航天器及人員的安全。換言之，正是由於航天任務的獨特性和挑戰性，不允許在航天器飛行過程中對每個子系統、部件進行監測，否則將耗費大量時間和成本，延誤故障的最佳處理時段，導致故障升級甚至影響航天器綜合安全。如何能夠在航天器複雜系統結構中把握影響系統安全的關鍵系統，快速過濾出有效的故障信息，做出科學合理的處理決策支持，進而提高航天器系統健康管理的時效性和可操作性，成為目前眾多專家學者關注的重點。因此，本書的後續部分擬從航天器推進系統進行研究，具體包括電子系統效能評估、軟件系統可靠性評估及發動機系統剩餘壽命等內容。

3.1 航天器系統構成

航天器綜合系統健康管理對提高系統可靠性和安全性，保證航天任務的順利達成[31]具有重要意義。在進行綜合系統健康管理之前，我們需要熟悉航天器的系統構成及各系統的功能和故障機理，以下部分首先介紹了航天器系統結構和功能特點，對航天器推進系統的基礎理論知識進行梳理和介紹，進而研究了航天器推進系統綜合系統健康管理的構成，分析了推進系統電子系統效能、軟件系統可靠性及發動機系統故障等問題。

3.1.1 整體系統

航天器系統的構造特徵、組成部分及子系統對整體系統的安全影響是進行航天器綜合健康管理的基礎，也是保證航天器任務安全、人員和財產安全的根本。本節就航天器的系統構成及安全關鍵系統的基本概念、具體內容和特徵進行介紹。

通常，航天器系統是由諸多功能不同但相互關聯的分系統構成[5]，如圖3.1所示。主要分系統有推進系統、軌道控制系統、電源系統、測控系統無線電系統、數據管理系統等。儘管航天器種類多樣，且系統的結構和用途有所差異，但是其系統的基本構成具有相通性。

由圖3.1可以看出，航天器的分系統數量多，任務和內容各不相同。各分系統既是相互獨立存在的完整系統，又是航天器大系統的一部分。構成航天器的各個子系統是對各個領域技術與方法的融合，體現出其整體系統的龐大規模及多樣功能。另外，其運行的環境極其複雜，充滿各種不確定因素，缺乏足夠的資源和時間來完成像其他系統一樣的綜合健康管理。此外，由於航天器造價昂貴，航天任務在時空及技術方面的挑戰性，對其

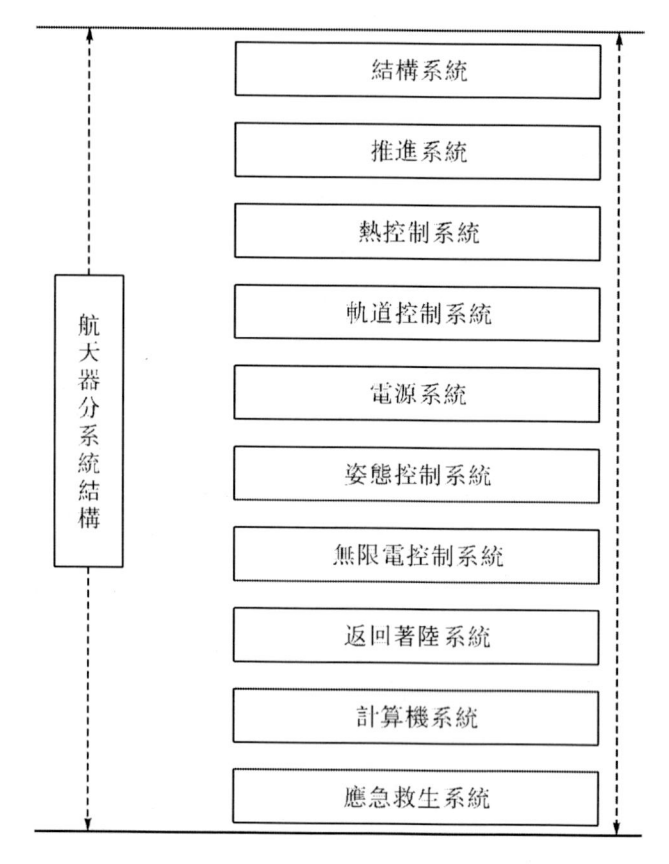

```
┌─────────────────┐
│     結構系統      │
├─────────────────┤
│     推進系統      │
├─────────────────┤
│    熱控制系統     │
├─────────────────┤
│   軌道控制系統    │
├─────────────────┤
│     電源系統      │
├─────────────────┤
│   姿態控制系統    │
├─────────────────┤
│  無限電控制系統   │
├─────────────────┤
│   返回著陸系統    │
├─────────────────┤
│    計算機系統     │
├─────────────────┤
│   應急救生系統    │
└─────────────────┘
```

圖 3.1　航天器分系統結構

安全性要求較高。針對以上情況，已採用了先進的傳感器進行檢測，但因其工作環境複雜多變，充滿不確定性因素，極可能導致傳感器發生功能故障或其他異常，致使其搜集和發送的數據信息失真，數據獲取難度增大。從航天安全的角度分析，各個子系統自身的安全影響著航天器整體系統的運行狀況，因此針對航天器推進系統子系統的綜合安全評估和診斷的要求十分迫切。

3.1.2　推進系統

航天技術的發展和航天任務難度的增加對航天器在工作時間和性能穩

定等方面提出了新的要求。航天器推進系統主要用於姿態穩定、指向控制、姿態捕獲與機動、軌道捕獲與保持、軌道機動和修正、導航定位等，還可利用反作用力為航天器姿態、位置與軌道控制提供動力[28]，如圖 3.2 所示。由於航天器推進系統在航天器運行過程中的關鍵作用及其對航天器安全的特殊意義，本節就航天器推進系統的基本概念、特徵及內涵進行闡述。

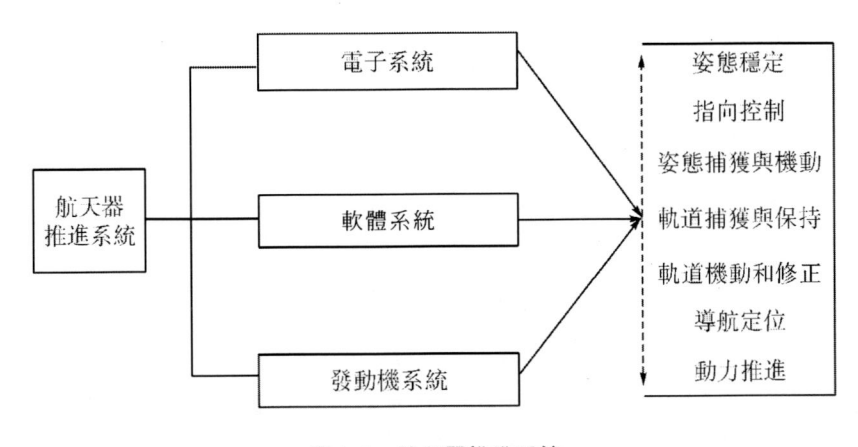

圖 3.2　航天器推進系統

航天器推進系統是通過電子系統和軟件系統對整體系統中的發動機系統進行操控、協調，使得所有的部分如一個有機統一體般順暢地運行。由於航天器推進系統面臨的運行環境異常嚴峻，需要最先進的技術和設備才能夠應對，成本和費用也相應地增加，加上其維修的時效性和準確性要求較高，一旦發生異常和失效，將造成慘重的損失，因此要保證航天器推進系統具有很高的安全性。

航天器推進系統中的電子系統、軟件系統和發動機系統是飛行軌道推進和姿態控制所需的整套設備和軟件的總稱，主要的功能包括航天器姿態穩定、指向控制、姿態捕獲與機動、軌道捕獲與保持、軌道機動和修正、航天器的導航定位以及利用反作用力為航天器姿態、位置與軌道控制提供動力。由於航天器推進系統的關鍵功能以及具有高真空、微重力、熱環境

變化複雜特徵的運行環境，因此對推進系統的健康狀態要求較高。

3.1.3　關鍵系統

安全關鍵系統指系統發生故障或異常之後導致其功能喪失，從而造成的人員傷亡、財產損失或者嚴重破壞生態的系統[2,8,17,23]。在確定某系統是否為關鍵系統時，可以參照圖 3.3。

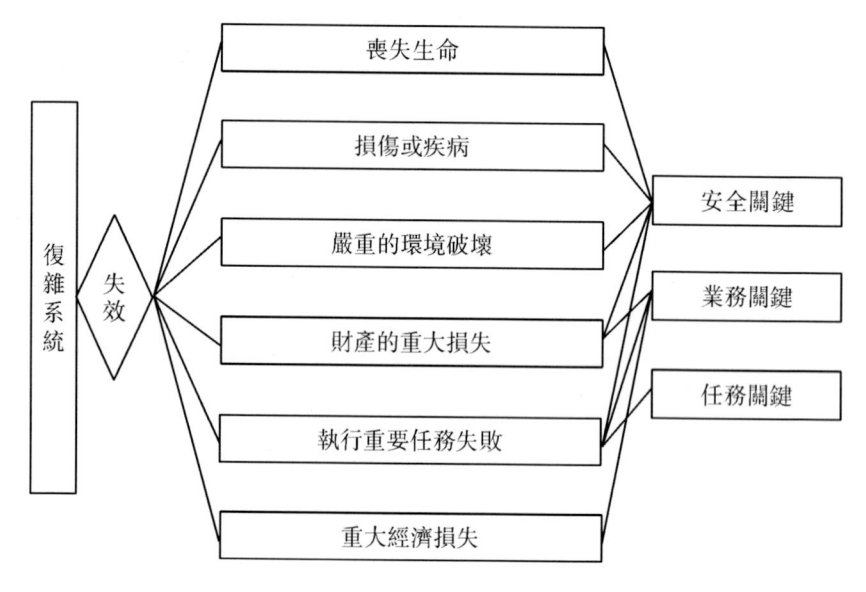

圖 3.3　安全關鍵系統概念指標

一般認為，將前面五項歸納為安全關鍵，第五項可精確描述為任務關鍵，而第四到第六項又可稱為業務關鍵。然而，在實際操作中，對上述幾項指標的邊界劃分比較模糊，因為某些指標之間存在某種內在的聯繫，比如人員傷亡與嚴重的經濟損失之間存在直接或間接關係[8,171]。

在確定了安全關鍵系統的選擇標準之後，對其所應用的主要領域進行歸納，如表 3.1 所示。

表 3.1　　　　　　　安全關鍵系統典型應用領域及內容

領域	具體內容
軍事	武器系統、作戰保障系統、空間開發項目等
工業	生產過程控制、機器人控制
通信	突發事件應急系統、電話系統的緊急呼叫業務等
醫療	放射性治療儀、醫用監視系統、醫用機器人等

　　通過對航天整體系統的分析發現，其系統結構具有高度複雜性，運行環境異常複雜[20]。眾多子系統和零部件需要有機協調和控制才能實現各自功能的疊加和有機協作。如果不能實現良好的控制協調，子系統功能可能出現異常，甚至影響航天器系統的正常運行，無法保證航天任務的完成，導致損失慘重。航天器所處的運行環境是高真空、微重力的空間，不允許對其進行全方位的即時檢修，因此在進行健康管理時需要對安全關鍵系統進行重點的狀態監測、效能評估、可靠性評估及故障診斷[6,35]。

　　在航天器整體系統中，包括電子系統、軟件系統和發動機系統的推進系統起著至關重要的作用。它們通過電子系統和軟件系統在為航天器提供所需動力的同時還負責航天器的姿態調整等任務，以保證航天器功能的實現和任務的達成。一旦推進系統出現故障或功能失效，將導致航天器整體系統安全受到嚴重威脅，造成航天任務的失敗及航天人員的生命喪失。因此，對於航天器推進系統這類安全關鍵系統而言，高效的系統綜合健康管理非常迫切[8,171]。本節基於綜合系統健康管理的理念，對航天器安全至關重要的推進系統進行分析和闡述，介紹其基本的結構特徵、失效及故障機理等內容。

3.2 電子系統

作為航天器推進系統的一部分的電子系統先後經歷了以下幾個結構階段：分佈式模擬結構、分佈式數字結構、聯合式數字結構，以及現在普遍採用的模塊化綜合集成結構。最初，航天器推進系統使用功能與結構都比較簡單的模擬信號的分佈式模擬結構，通過有無線電羅盤、機載電臺、簡單的自動駕駛儀等設施來滿足比較簡單的通信需求。分佈式的數字結構在第二次世界大戰之後，得益於各國對航天工業的重視，得到了廣泛應用，促進了航電技術的發展。它採用了數字信號處理、自主導航等技術，運用了包括光電雷達、電子顯示儀器等在內的技術成果。隨著計算機技術的不斷突破，自 20 世紀 70 年代起，電子系統開始採用聯合式數字結構，具體是通過將諸多可替換數據單元一併接入數據總線的方式，大大提高了電子系統的任務處理水準。伴隨大規模集成電路等技術的突破和成熟，到 20 世紀 90 年代，電子系統也逐漸出現模塊化與綜合化的結構模式。另外，由於功能的逐漸完善，電子系統及其子系統的互聯結構也逐漸豐富，可更換模塊與綜合化技術的出現真正使電子系統形成了模塊化綜合集成的系統結構，如圖 3.4 所示。

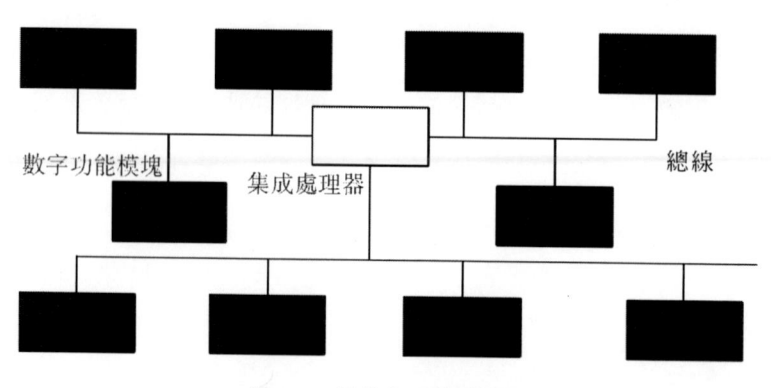

圖 3.4　模塊化系統結構圖

模塊化電子系統靈活的系統組成構架極大地簡化了整個系統的結構，使其具備了易更換性、可升級性和可擴展性，適應了不同的任務需求。與此同時，電子系統在設計與系統集成方面產生了重大變革，也對系統及功能模塊的可靠性和健康管理等工作提出了更高的要求。

從圖3.5中可以看出，電子系統主要包括四個方面的子系統，分別是：通信子系統（COMS），制導、導航與控制（GN&C）子系統，控制（指揮）與數據處理（C&DH）子系統，以及航天器管理（VMS）子系統[229]。其中，通信子系統就像是一部航天器的耳朵和喉舌，它利用所屬的功能模塊，接收來自地面控制中心（GCC）的指令，並將科學和狀態數據傳輸給地面控制中心。制導、導航與控制子系統好比是一部航天器的眼睛和四

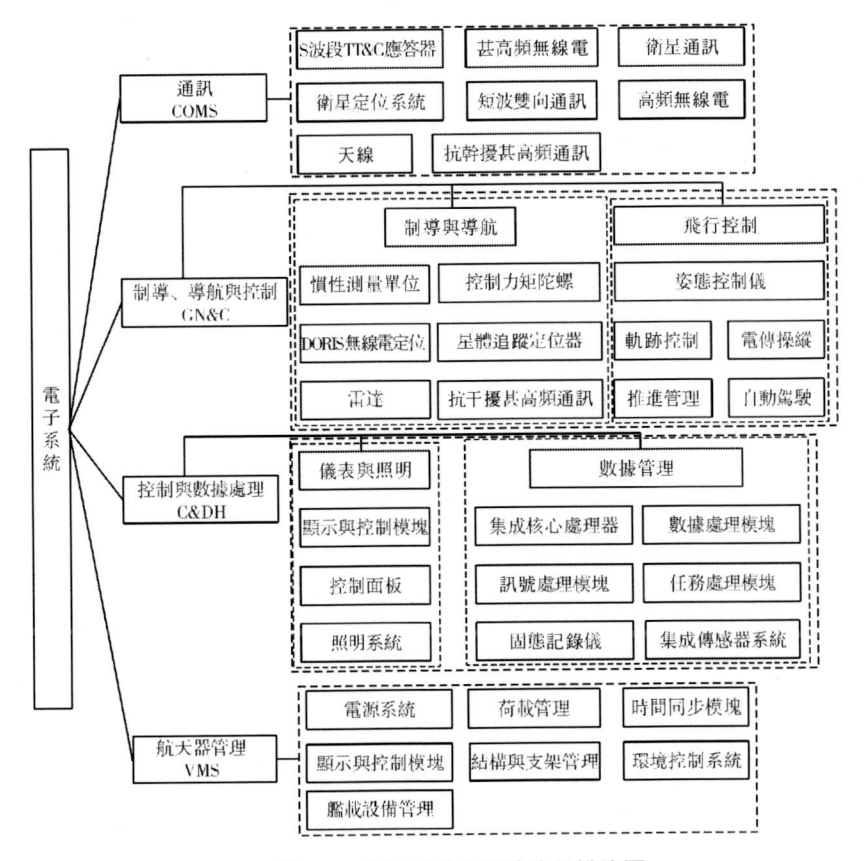

圖3.5　電子系統主要功能及模塊圖

肢，它利用所屬的功能模塊，確定航天器的位置、速率、姿態，並進行航天器的變軌控制。控制（指揮）與數據處理子系統是一部航天器的大腦，它利用所屬的功能模塊，控制通信子系統發送的命令，引導傳達至其相應的接收端，同時它也控制集成核芯處理器進行數據處理，以及固態記錄器進行數據存儲。航天器管理子系統好比是一部航天器的身體和免疫系統，它利用所屬的功能模塊，進行航天器及其機載設備的監控與配置管理。電子系統所有的子系統及其功能模塊均通過航電總線接口裝置接入總線並連接在一起。

3.2.1 概念描述

就目前而言，雖然電子系統在模塊集成技術方面已經比較成熟，但是由於其系統本身的規模和運行環境等因素，其依然體現出明顯的複雜性。具體體現在以下四個方面：

3.2.1.1 系統組成的複雜性

電子系統由多個相互作用而結構與功能各異的機電一體化的子系統構成，且各子系統又是由眾多機電一體化的次級子系統與功能模塊組成。整個推進系統電子系統的組成是紛繁複雜的。對構成電子系統各個子系統、子系統中的功能模塊進行分析，綜合考量各功能模塊的可靠性、故障率、使用壽命分佈等屬性，簡化出能反應系統運作狀態的主要子系統及功能模塊，也是進行綜合系統健康管理的重要基礎工作。

3.2.1.2 系統結構的複雜性

（1）航天器推進系統電子系統呈現遞階式結構，各個子系統在處理信息與實現功能時具有一定的並行性。

（2）各個子系統的系統信息之間有強弱不一的相關性，因而在推進系統電子綜合系統健康管理的研究中，通常根據系統信息的相關性將系統近似分解，以減少研究的複雜性。

（3）組成航天推進系統電子系統的各個子系統是由不同種類的功能模塊構成。子系統內某個功能模塊發生故障可能會導致同個子系統內其他功能模塊出現故障。同時，某個子系統發生的故障很可能是由其他與其相關聯的子系統或其功能模塊發生的故障所引發。

所以，對航天器推進系統的電子系統及其子系統進行結構與運作機理的分析非常重要。此外，在研究系統的故障分佈時，合理充分地考量功能模塊的故障相關性，也是制訂正確的維護方案的重點。

3.2.1.3 系統狀態的複雜性

在航天器推進系統電子系統的各個子系統及其功能模塊中，每一個個體均可能有多個運作狀態。系統的運作過程以及信息交互能夠直接影響系統的組成與運作狀態。同時，在航天任務隨運作環境改變的過程中，電子系統的運作狀態也會有所變化。若不考量實際工程應用中系統運行狀態隨環境變化的規律性，僅依靠經驗性的測試和既有的指標，隨之而來的系統健康管理決策也將產生偏差。

基於綜合系統健康管理的電子系統的狀態監測、評估與故障診斷技術的實施，為預測系統的剩餘使用壽命提供了技術上的支持。在電子系統運行過程中實施的即時監測數據能夠體現出系統在特定條件和時刻的健康狀態。基於健康狀態的情況，進一步採取相應的措施，通過故障診斷來揭示健康狀態的具體水準，對故障進行定位，並結合健康狀態和故障診斷數據構建相應的健康管理的數學模型，以對數據進行有效處理，從而為科學合理的決策提供支撐。

3.2.1.4 系統故障的複雜性

複雜性是電子系統故障的最基本的特徵。航天器推進系統的電子系統的故障與故障特徵往往表現出不一致甚至錯亂的情況。這主要是因為電子系統功能模塊繁多，且各個模塊之間既是完整獨立的個體，又存在相互聯繫、密不可分的關係。比如，一種故障會出現多種故障特徵，也存在一種

故障特徵對應多種故障。航天器電子系統的故障特徵繁雜的主要緣由是其故障的複雜。

某種故障可能對應多個故障症狀，某個故障症狀也可能對應多種故障。這意味著故障與故障症狀之間存在線性的聯繫，增加了電子系統的故障診斷難度和複雜性。故障本身的複雜性致使航天器電子系統的故障症狀複雜。電子系統的故障複雜性，使得其故障症狀也表現出複雜性與多樣性。一旦故障特徵參數超出容差範圍即判定為異常，進而實施故障診斷。因此，故障診斷也因為異常狀態的持續不斷變得複雜，主要包括以下幾個方面：

（1）系統特徵與模塊參數之間呈非線性關係。故障診斷過程中的算法程序通常為非線性，但是模塊本身是線性的。

（2）原位監測點有限。系統結構的逐漸複雜和規模的增大，使得其原本就不足的原位監測點更加缺乏，從而導致故障診斷算法的方程數少於求解的未知數。

（3）診斷方法針對容差的穩健性。基於模塊及部件設計的故障診斷標準值，如果實際觀測值並不符合設計標準值，但是仍然處在容差範圍之內，此時，將根據故障診斷方法的穩健程度來判定是否為故障。

3.2.2 效能闡釋

在通常情況下，效能是指系統完成指定任務的能力。它是一個內涵、外延都極為豐富、運用範圍也十分廣泛的概念。具體而言，也可以將效能理解為一個系統滿足一組特定任務要求程度的能力；換而言之，效能是系統在規定的環境、時間、人員及方法要素情況下，能夠達到規定目的的程度。在不同的應用場景，效能的具體使用也不盡相同，大致可以分為以下幾種效能類型：

（1）單項效能。它是指使用某一具體的設備實現某一具體的指定唯一

目標的能力,如航天器電子系統的導航效能、定位效能、控制效能、通信效能等。

(2)系統效能。它是指在特定的條件下,設備系統能夠實現一系列特定任務的能力。這裡是針對航天器電子系統的綜合評估,又叫綜合效能。

綜上所述,結合航天器推進系統電子系統的概念和特徵,可以確定航天器系統的效能屬於系統效能的範疇,對其進行效能評估可以及時瞭解其系統的健康狀態及系統功能的完善情況,為綜合健康管理的決策者提供決策支持,以保證航天器整體系統的安全運行和航天任務的順利達成。

3.3 軟件系統

航天器推進系統軟件系統通常是非常複雜的[37],因為越來越多的系統功能需要通過軟件系統來進行調動和協調以實現協同工作,如圖 3.6 所示的。航天器推進系統的軟件系統的可靠性由星際功能和地面站功能共同決定。星際功能包括導航計算、故障監控、指揮處理、航天器子系統的管理、綜合管理和通信有效載荷。地面站功能一般包括數據處理、數據壓縮和存儲、宇宙飛船遙測遙控、用戶界面、運行狀態的監測和維護。星際和地面系統要求高可靠性,尤其是星際軟件。它通常是一個嵌入式即時系統。這種複雜性也導致軟件開發成本的顯著提高。

航天器推進系統的軟件系統的關鍵的功能和複雜的操作環境,使得其可靠性與航天任務的實現直接相關,軟件系統可靠性是維持航天器整體系統可靠性的一個關鍵指標[1,22]。雖然航天器推進系統的軟件系統的可靠性越來越被關注,但是由航天器推進系統的軟件系統造成的航天災難仍時有發生。1963 年,美國金星探測計劃失敗的原因是美國宇航推進系統的 FORTRAN 語言程序缺少一個逗號,導致軟件系統發出錯誤命令。1996 年,

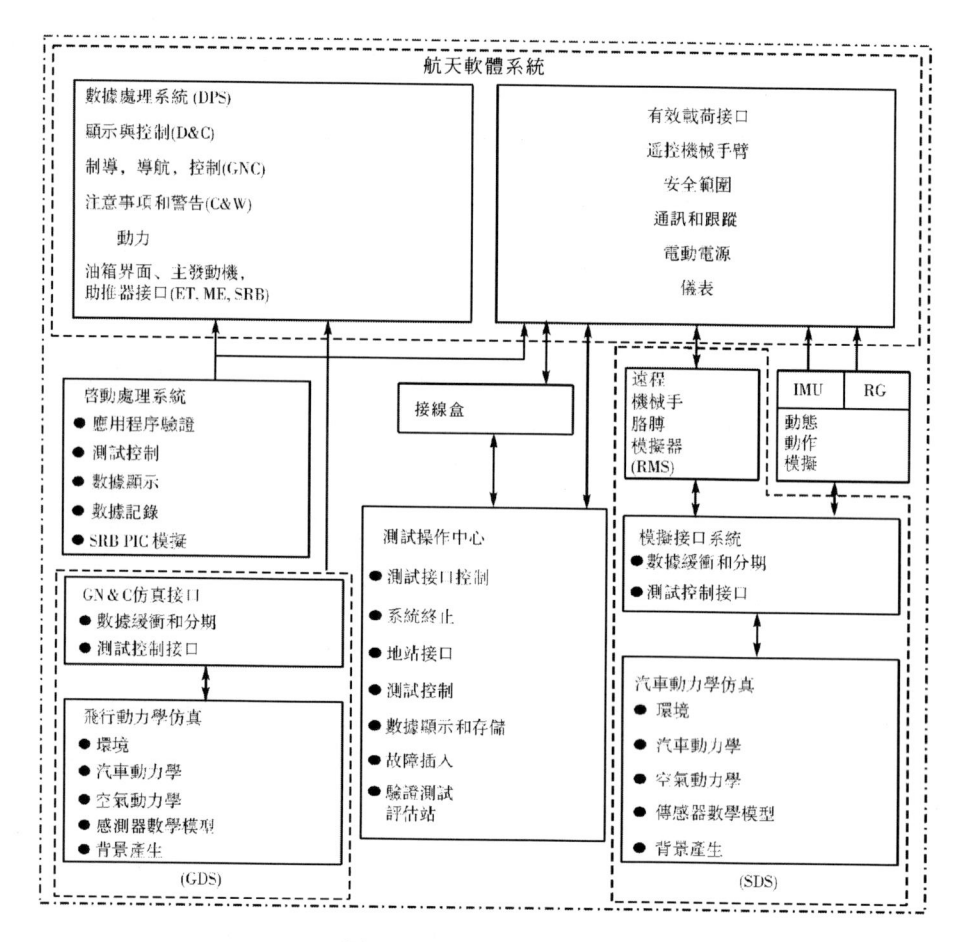

```
┌────────────────────────────────────────────────────────────────────┐
│                          航天軟體系統                                │
│  ┌──────────────────────────┐      ┌──────────────────────────┐   │
│  │ 數據處理系統 (DPS)        │      │ 有效載荷接口              │   │
│  │ 顯示與控制(D&C)           │      │ 遙控機械手臂              │   │
│  │ 制導,導航,控制(GNC)       │      │ 安全範圍                  │   │
│  │ 注意事項和警告(C&W)       │      │ 通訊和跟蹤                │   │
│  │ 動力                      │      │ 電動電源                  │   │
│  │ 油箱界面、主發動機、       │      │ 儀表                      │   │
│  │ 助推器接口(ET,ME,SRB)     │      │                          │   │
│  └──────────────────────────┘      └──────────────────────────┘   │
└────────────────────────────────────────────────────────────────────┘
```

圖 3.6 推進系統軟體系統

歐洲航天局的火箭發射後 40 秒爆炸，罪魁禍首是其開發的阿麗亞娜 501 軟件故障。1999 年，NASA 的火星極地著陸器因軟件故障導致著陸發動機過早關閉而損毀。在航天器推進系統中，一個小的軟件錯誤可能會導致整個任務的失敗，造成巨大損失。為了處理安全以及維護載人航天器，特別是航天器推進系統的軟件系統的可靠性，需要引入全生命週期的綜合系統健康管理[112]。

3.3.1 失效特徵

由於航天器推進系統軟件系統的內在結構高度複雜，任務環境多樣且不確定，因此對其可靠性的研究難度也就相應增大。在進行航天器推進系統的軟件系統的可靠性預測之前，首先對軟件的失效機理進行介紹。

不同運行環境和複雜程度的軟件的失效機理各不相同，具體可以分為失效過程比較簡單的軟件以及失效過程比較複雜的軟件。前者的失效數據的搜集難度相對較小；而後者的失效數據的搜集難度相對較大。具體的失效機理有以下幾種：

(1) 人為錯誤。人為錯誤是指在開發過程中由於人為原因造成軟件存在不易更改的誤差或不可更正的瑕疵，導致軟件系統整體出現漏洞。開發過程中應盡量減少人為錯誤，一般情況下能夠通過反覆核查進行糾正，然而在特殊情況下，由於軟件結構較複雜，人為錯誤就會被忽略而存在於軟件。

(2) 軟件缺陷。軟件缺陷是指在特定運行環境下，軟件因固有缺點被制約或者超過某種閾值而使軟件出現故障的情況，其主要是由人為錯誤導致的。軟件缺陷本身是靜態的存在於軟件中，當軟件運行環境觸發這種缺陷，便引起軟件故障的發生。

(3) 軟件故障。軟件故障是指軟件沒有按照預先編輯的程序執行命令致使整個系統出現超出預料的非正常狀態。當軟件接收到某種命令，但其程序代碼中存在多或者少的語言，便會出現軟件故障，導致軟件失效。而且故障狀態隨著環境變化而變化，其直接原因是上述的軟件缺陷。

(4) 軟件失效。軟件失效是指軟件無法按照界面命令執行相應行為，發生明顯偏差的狀態。該狀態相對於軟件故障是更加惡化的狀態。軟件故障是軟件失效的必要條件。軟件故障可能會導致軟件失效，也可能不會，但是軟件失效必定是因軟件故障而發生的。軟件失效的表現和後果主要

為：系統失去控制、決策者無法通過命令實現整體或部分功能。

3.3.2 軟件可靠

　　航天器推進系統的軟件系統是由眾多命令程序和子系統構成的複雜系統，其可靠性除了受到設計生產階段的因素影響外，還受到其複雜運行環境的影響。航天器推進系統的軟件系統的高度的結構複雜性和不確定的運行環境在故障因子和故障機理方面充分體現出來。高度複雜的系統特徵使得航天軟件可靠性的研究需要多種學科知識的支撐，對於集成手段的要求也較高。因此，面對這些要求，關於航天器推進系統的軟件系統的可靠性研究顯得更為迫切、更有挑戰。構架完整的可靠性評估框架，提高軟件的可靠性對於航天器系統健康管理工作意義重大。軟件系統可靠性評估與預測是航天器整體系統健康管理框架的重要一環。面對複雜的內外環境，軟件系統應合理地進行失效數據融合，選擇科學的可靠性預測方法，得到準確的可靠性數據及相關的變化趨勢，為航天器系統健康管理決策者做出科學決策提供有力支持，從而化解運行風險、減少損失。保障航天任務實現是軟件可靠性工程的基本目標。

　　在進行可靠性評估之前，首先對可靠性的評估指標進行介紹。就目前而言，通常用以下幾個指標參數來表示軟件的可靠性[16,19]：

　　（1）可靠度。在規定的條件下和時間內實現預定功能的概率是軟件的可靠性 R。用概率數值來對軟件失效進行表達便是可靠度，其參數通常用於不允許失效的系統。

　　（2）失效強度、失效率。一般而言，失效率與失效強度會出現在可靠性相關的研究中，兩者有著緊密的聯繫，但概念確有差異。軟件在時刻 t 尚未失效，但是過了這個時刻之後發生失效的可能性即為軟件的失效率，失效數均值隨著時間的變化率是失效強度。

（3）平均故障前時間、平均故障間隔時間。從當前尚未發生故障時刻 t 到下次故障時間的平均值，表示為 MTTF；而存在於兩次相鄰故障之間的時間間隔平均值是平均故障間隔時間，表示為 MTBF。

就航天器推進系統的軟件系統這般複雜的系統而言，有諸多因素可以體現其可靠性。本書選用平均故障間隔時間（MTBF），根據即時監測所得數據，進行分析處理，結合具體數據特徵，選取相應預測方法，進而得到能夠反應平均故障間隔時間趨勢的預測結果。

3.4 發動機系統

航天器推進系統的發動機系統作為主要動力系統，是航天器推進系統的重要組成部分。其主要工作原理是利用反作用力為航天器姿態、位置與軌道控制提供動力。由於發動機系統的工作環境是非常惡劣的，具有高真空、微重力以及熱環境變化複雜等特徵，甚至可能會遇到空間碎片、隕石和宇宙塵埃等不確定威脅，因此對推進系統的發動機系統自身的系統健康狀態要求較高。

作為航天器的心臟，航天器推進系統的發動機系統的狀態直接影響航天器的安全性、可靠性和操作性。作為航天器推進系統核心構成部分的航天器發動機系統，其所處的工作環境具有高速、高溫、大應力、強振動的特徵，因而要求其性能具有極高的穩定性。事實上，由發動機系統發生故障所造成的飛行故障的事件頻頻發生，而且發動機系統一旦發生故障往往會導致災難性的事故[10]。對發動機系統的日常維護也是耗資巨大的，其維修更換的成本費用幾乎占到整個航天器系統維護費用的一半以上。基於此，對發動機系統實施監測及故障診斷，瞭解其運作的健康狀態的具體水

準，對於提高其安全性和經濟性具有重要意義[11]。對航天器推進系統的發動機系統進行故障診斷與健康管理可以提供故障預警並估計剩餘使用壽命。然而，航天器發動機系統因為無形的和不確定的因素而具有高度複雜性，以至於難以模擬其複雜的降解過程，並且沒有單一的預測方法可以有效地解決這一關鍵和複雜的問題。因此，本節引入融合預測方法，擬通過該方法獲得更精確的預測結果。此處建立以故障診斷與健康管理為導向的一體化融合預測為框架，提高了系統的狀態預測的準確性。

3.4.1 故障特徵

作為航天器推進系統的發動機系統，其結構複雜、運行環境惡劣多變，故在對其進行綜合系統健康管理時要熟悉其故障的類型及相關的特徵。發動機系統的故障主要有氣路故障和震動故障兩類，其概念及特徵如下：

3.4.1.1 氣路故障

氣路故障是指構成航天器發動機系統的氣路部件包括風扇、進氣道、主燃燒室、高壓壓氣機、低壓渦輪、高壓渦輪以及加力燃燒室和尾噴管等，一旦出現異常和故障將會降低發動機系統的性能。氣路故障的主要機理如圖3.7所示。起源於氣路部件的物理故障會改變部件性能，引起發動機系統整理的熱力學參數改變，造成其轉速、排氣溫度、部件的進出口壓力和壓強等超出正常範圍，預示系統可能出現故障。

因此，若要對航天器推進系統的發動機系統進行故障診斷，應該通過對發動機的氣路故障機理的剖析來掌握其部件的物理故障導致性能變化的具體過程。

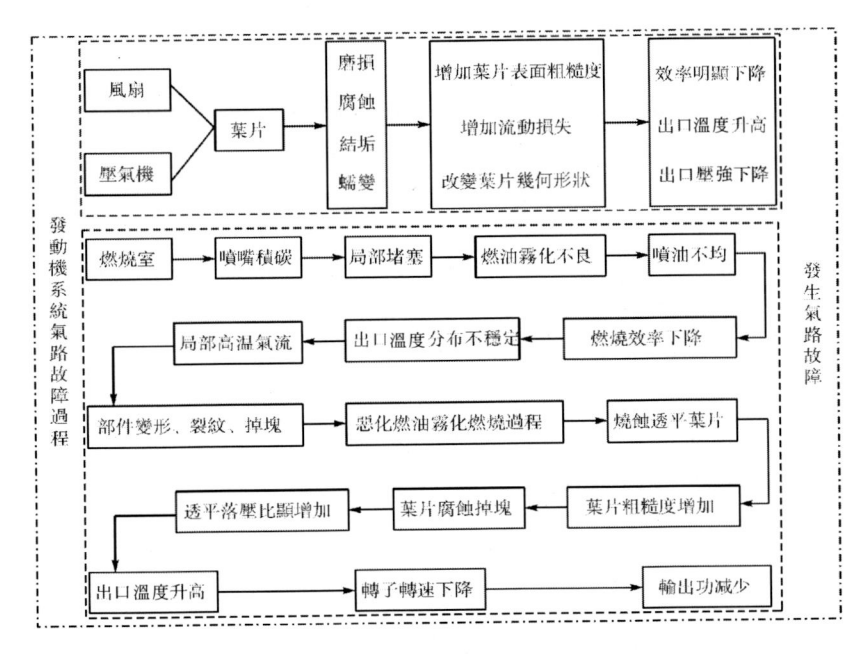

图 3.7 推進系統的發動機系統的氣路故障機理

3.4.1.2 振動故障

轉子不平衡、不對中、彎曲、碰摩、裂紋等部件異常都是推進系統發動機系統的故障表現。一般情況下，通過對轉子震動信號頻譜進行分析來獲取部件異常信息，從而判定其是否出現故障及故障類型。對於發動機系統來說，不同的轉子故障對應的振動信號頻譜也不同，具體如圖 3.8 所示。

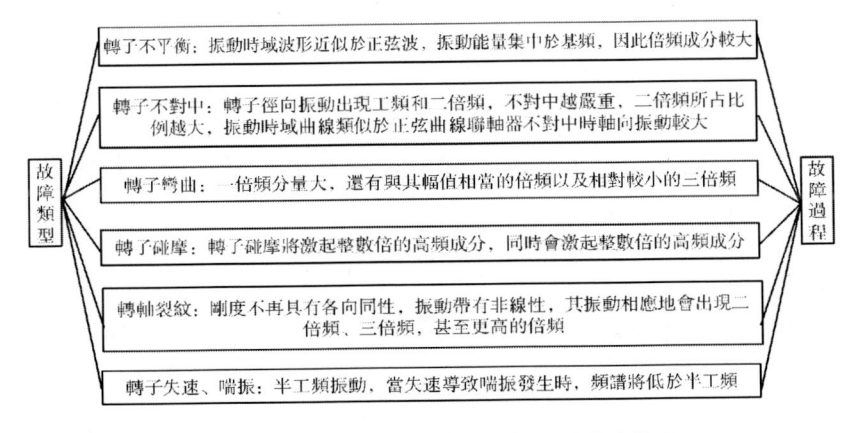

圖 3.8 推進系統的發動機系統的振動故障機理

3.4.2 壽命預測

現代航空技術的飛速發展使得航天器系統越來越複雜，同時對質量和可靠性的要求也更高。推進系統的發動機是航天器的心臟，它的安全狀態直接影響航天器的安全性、可靠性和操作性。將許多不同類型的傳感器安裝在發動機上或者發動機內，以監測各種物理參數（如操作溫度、油溫度、振動、壓力等）、發動機系統的運行及與操作相關聯的環境情況。如何利用航天器系統的健康狀況來檢測發動機系統的性能、降低故障率以預測剩餘使用壽命（RUL）成為研究的熱點。目前，最具操作性的且能夠保證發動機系統可靠性、可用性和可維護性的方法就是預測與健康管理（PHM）。

航天器推進系統的發動機系統具有複雜的退化過程，獲得可靠的傳感器數據和足夠的經驗數據比構建分析行為模型更容易[100,102]。因此，基於模型的方法並不適合推進系統發動機系統的健康管理。此外，基於經驗的和數據驅動的方法各有一些優勢和局限性，所以這兩個方法都不能解決所有以預測與健康管理為導向的航天器發動機系統剩餘使用壽命預測問題。為獲得更精確的和合理的結果，融合預測在最近的研究中被引入[229]。已經有許多研究涉及基於模型的和數據驅動的融合預後的方法。Liu 等人開發了一種新穎的數據模型融合預後框架以提高系統預測的準確性[153]。鄭提出了一種融合預測方法，它融合數據驅動的故障物理學來預測電子產品的剩餘使用壽命[86]。然而，很少有關於融合的數據驅動和經驗依據預後的方法，或者用於融合預測航天器推進系統發動機系統剩餘使用壽命的方法的研究。

預測與健康管理允許對目標系統在實際應用條件下的系統可靠性進行預測，其目的是最大化目標系統的可利用性和安全性。其高效的預測技術已經成功應用到各種系統，如航空電子設備、工業系統等。近年來，面向

預測與健康管理的系統使用壽命預測和間歇性故障診斷手段已經向航天器發動機提供故障警告。預測與健康管理系統作為發動機系統健康管理的核心，其預測目的是確定潛在的風險，為故障風險緩解和管理提供必要的信息。不言而喻，航天器推進系統的發動機系統的剩餘壽命預測問題是整個航天器健康管理的關鍵環節和迫切需要。該研究可以分為三大類：基於模型的預測方法、基於經驗的預測方法和數據驅動預測方法。通常情況下，基於模型的預測方法是利用被監控的系統數學模型，但難以對複雜的系統（如飛行器發動機）進行建模。基於經驗的預測方法通過知識的經驗累積，使用概率或隨機模型降解數據，但對於預測發動機動力複雜過程的結果往往不夠準確。數據驅動預測方法分析探討了傳感器數據，關注數據組的參數和原始監測傳感器數據轉化成相關的行為模式。這種方法的缺點是過分依賴於訓練數據而無法進行系統方式故障區分。上述的每個方法都具有優點和局限性，因此，選擇一個合適的預測方法決定了航天器推進系統的發動機系統的預測與健康管理的有效性。

發動機系統預測與健康管理概念架構包含了兩個子系統：飛行中的系統和飛行後的系統。飛行中的系統包括許多類型的傳感器（如溫度傳感器、壓力傳感器、振動傳感器、距離傳感器和位置傳感器等）和適當的信號調節電路。信號調節電路接收來自條件傳感器信號並適當進行進一步處理。然後，通過數據預處理，進行融合數據信息，並從監測傳感器獲取更有價值的信息。數據信息和特徵值都被存儲在歷史數據庫中[217]。飛行後的系統是由健康評估程序、故障診斷過程、預測過程和人機交互界面組成。健康評估程序接收和融合來自歷史數據庫的數據信息，然後分析發動機系統的健康狀態趨勢[224]。故障診斷程序的目的是完成發動機的特徵檢測、故障診斷、故障定位和排序。預測過程分為兩個階段：預估計融合預測和估計後綜合預測。預估計融合預測階段接收來自故障診斷過程的信息，並融合多個獨立預測方法獲得不同剩餘壽命的估算值；而估計後綜合

預測階段融合不同的剩餘壽命估算值來估計剩餘壽命和分析發動機的健康趨勢。最後，人機交互界面融合來自預測程序的信息，並進行決策，將信息反饋到電子控制器，來調整推進系統的發動機系統。

3.5 本章小結

首先，本章對航天器的系統結構進行介紹和分析，理清各個子系統的功能和工作原理，同時考慮不同子系統在不同運行環境下的安全要求的差異，結合安全關鍵系統的概念，突出推進系統對航天器整體安全的影響。其次，圍繞航天器推進系統的系統特徵及構成，分析其工作的原理及故障的機理，根據其電子系統、軟件系統和發動機系統三個子系統的自身特性，分別從電子系統效能、軟件系統可靠性和發動機系統故障三個角度進行研究。最後，在此過程中，對電子系統、軟件系統和發動機系統的系統構成和結構特徵進行分析和梳理，為航天器推進系統的安全評估和故障診斷提供了理論基礎。

4 電子系統分層效能評估

作為航天器推進系統重要組成部分的電子系統，因其功能特別、結構複雜，為了確保任務成功，要求它必須是安全的、可靠的。該系統的健康狀態以及其子系統的效能狀況對其安全性有直接影響。本章在集成系統管理框架下採用集成評價技術評估了航天器推進系統中電子系統設備健康狀態及其子系統的效能狀況。該部分圍繞兩個核心問題：一是從集成系統健康管理的角度進行效能評估，目前較少有學者從該角度進行研究；二是對指標交互性的考慮的必要性以保證評價結果的精確。後續研究首先從系統層面對電子系統進行系統級健康狀態評估，然後基於健康狀態對子系統進行效能評估，從而為科學合理的決策提供支持。推進系統中電子系統分層效能評估是在有機統一體的邏輯框架下，從分層邏輯的角度，逐級對電子系統的安全性進行評價。其分層主要是指對系統層級的狀態評估。本章基於系統級的健康狀態評估情況，對系統中的子系統進行效能評估，從而得出更精確的效能值，擬為決策者提供更科學、更合理的決策，從而提高系統運行和使命完成的可靠性、安全性。

4.1 問題介紹

空間資源探索發展的未來，取決於擁有可靠性高的先進技術的載人飛船。目前來看，未來載人和無人航天飛船要完成探索國際空間站、月球、

火星甚至更深太空的使命，但要面臨任務的時間跨度更長，組件的複雜度更高的挑戰，都會增加飛船使命失敗概率[158]。在不危及目前或者未來的任務安全及目標的情況下，這些可能性應該被消除[188,205]。比如近年來發生的太空安全故事，1986 年的挑戰者號航天飛船事故，在飛船剛剛發射之後造成 7 名宇航員遇難；2003 年哥倫比亞航天飛船上的 7 名宇航員在完成 16 天的任務後，從軌道返回家園的過程中喪生[156]。為了應對航天器的安全和維護問題，一種包括即時監測、狀態評估、故障診斷和失效預測的集成系統健康管理（ISHM）方法被引進[152]。集成系統健康管理方法是一項針對即將進行的載人探索飛行、載人火箭發射以及航空航天局的其他任務的基本技術[108]。集成系統健康管理方法提高了系統的可靠性，並且通過在元件失效之前識別出故障組件來降低成本。此外，其可以迅速地完成維修活動，從而能夠及時地啓動系統，使之準備就緒。

航天器推進系統中電子系統是指飛船的每個電子組件的整合，以便每個單元如統一有機體般平穩、流暢操作[62,110,206]。在航天器中，推進系統電子系統是指所有基於電子命令完成其基本功能的元件，如通信、導航、飛行控制（FC）、數據處理（DH）和航天飛行器的設備管理[125]。電子系統設備的健康狀況和效能水準直接影響載人航天的安全飛行和任務的成功，準確衡量電子系統的健康狀況和評估其子系統的效能水準是非常重要的。由於健康狀況和效能水準並非總是同步的，為了避免和預防系統故障，迫切需要引入集成系統健康管理的分層效能評估方法。

4.1.1 背景回顧

近年來，不少研究關注推進系統電子系統的健康管理。Lewis 和 Edwards 採用智能傳感器、微機電系統設備和系統健康管理工具對電子系統進行診斷和預測[151]。Wilkinson 在關於電子系統剩餘壽命預測的討論中指出在進行機械化剩餘壽命預測時需要考慮兩個因素。這種預測計算過程

如下：一個機載功能（如中央維護計算機）或環境史可以被下載到基於地面的維修設施進行脫機計算剩餘壽命預測[225]。2005 年，Orsagh 提出了運用一個綜合方法來切換電子系統的電源，從技術工程學科的角度為實施健康管理提供了支撐[177]。2006 年，Orsagh 梳理了電子系統預測與健康管理技術[178]。2007 年，Banerjee 提出了一種基於判別分析的電子系統的剩餘壽命預測[62]。2009 年，王國棟提出了一種新方法——採取來自人體免疫系統和神經系統的交叉靈感，對電子系統進行故障識別和清除[219]。另外，其他一些研究也從現場監測、評估情況、故障診斷和剩餘壽命預測的角度關注電子系統的健康管理。然而，很少有學者從綜合系統健康管理的角度研究子系統層次的效能評估問題[93,139,160]。儘管一些研究在評估電子系統效能方面取得了進展，但是整個系統層面的健康狀況沒有被重視。此外，這些研究傾向於選擇隨機測試目標。但是在該研究中，測試目標是在電子系統級的健康狀況評定的基礎上進行選擇的[77]。因此，在子系統效能評估之前對電子系統進行系統級的健康狀態評估是十分必要的，因為不可能假設所有模塊級子系統的健康狀態都是一樣的。基於這個事實，需要用一個能夠將多維方式標準、模糊性和不確定性特點考慮進去的綜合性方法對電子系統進行效能評估[56,220]。這裡提出了一種以集成系統健康管理為導向的分層效能評估模型，採用與定量的可靠性分析方法相結合的集成方法評估電子系統的效能水準[157]，並對影響系統狀態的指標進行整體評估，將客觀測試和主觀判斷有效結合。該部分研究首先描述集成系統健康管理的概念框架和航天器推進系統電子系統的模塊和功能，之後介紹評估方法和建模過程，接下來給出一個算例來演示模型的應用，隨後進行模型的驗證並進行討論和對比分析，最後就結論和建議進行進一步的研究。

4.1.2　系統描述

航天器推進系統電子系統的作用是將推進系統上的電子元件進行整

合，以保證所有組件構成一個流暢的操作單元[110]。目前，電子系統已經設計成將單個功能作為子系統組件的結構。子系統是一種工程術語，是指一組零件的設計和建造，服務於一個特定的功能，如通信功能[229]。在被組裝到電子系統之後，這些子系統元件被統一連接和啓動[154]。由於任務系統的複雜性和不確定性，為電子系統設計一個集成系統健康管理系統是非常困難的。所需要的是一種新的模塊化的和可替代的靈活性電子系統架構，以及能夠支持航天飛行器的模塊化、可升級性和可擴展性的基礎結構[155,189]。雖然仍有無形的和不確定的因素，但這樣的架構顯著降低了系統的複雜性，加上採用模糊評價，從而使得一個以集成系統健康管理為導向的電子系統的分層效能評估方法成為可能。圖4.1顯示了面向集成系統健康管理電子系統效能評估的概念框架。

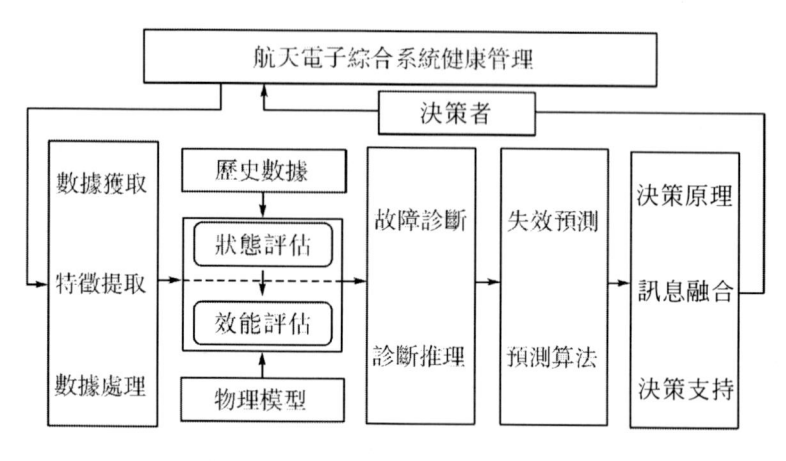

圖 4.1　集成系統健康管理概念框架

航天器推進系統電子系統分層效能評估是指對推進系統中電子系統在特定條件下能夠完成規定任務目標的程度的評估[125]。基於集成系統健康管理的電子系統的效能評估考慮了綜合環境因素，然而效能水準和健康狀況並不總是同步顯示的，因此在選擇子系統進行效能評估測試時要在系統級健康狀態評估之上，從而為決策者提供更全面、更合理的決策支持[230]。針對這種情況，可以將問題分為兩步來解決。第一步是系統級的健康狀態

評估；第二步是基於系統級健康狀態評估結果，選擇出存在問題的關鍵子系統進行效能水準評估。

在進行集成系統健康管理之前，首先確定航天器推進系統電子系統的功能模塊[206]，如表4.1所示。一般來說，電子系統主要包括四大子系統：導航和控制（GN&C）系統、通信系統（COMS）、命令和數據處理（控制和數據處理，C&DH）系統和飛行器管理系統（VMS）[230]。航天器的位置、速度、高度和轉移軌道控制護理由導航和控制系統確定。通信系統（COMS）接收來自地面控制中心（GCC）的指令，同時將科學的狀態數據發送到地面控制中心。命令和數據控制系統接收來自通信系統的指令並指導它們到最佳的接收位置，同時還控制用於數據處理的核心處理器和用於數據儲存的固態記錄儀。該飛行器管理系統主要負責對船載設備的監視和重新配置。所有這些功能模塊被統一安裝到一個電子系統總線，並且與總線接口電纜連接在一起。

表4.1　　　　　　　　　　電子系統功能與模塊

功能子系統	相關模塊
通信系統	遙測跟蹤和指令轉發（TT&C）、全球定位系統、天線、高頻、常高頻（VHF）、短波雙向通信、抗干擾常高頻、衛星通信
導航和控制系統（GN&C）	慣性測量單元、無線電定位系統、雷達、控制力矩陀螺、星體跟蹤器(ST；太陽和地球傳感器)
飛控系統	姿態控制系統（ACS）、軌跡控制、制導和導航系統、控制系統、推進管理、自動駕駛儀、地面勘察
控制和數據處理系統（C&DH）	
儀表和照明	顯示和控制（D&C）、控制平面管理、照明系統
數據管理	綜合核處理器（ICP）、預處理、數據處理、信號處理、任務處理
記錄儀、航電系統總線	集成的傳感器系統、熱控、時間同步管理、結構和桁架
飛行器管理系統（VMS）	電力系統（EPS）、飛行控制計算機、有效載荷、環境控制、板載系統管理

4.1.3 概念框架

在對獲得的數據進行預處理以提取傳感器參數特徵之前，首先要對推進系統電子系統的功能模塊實施即時監測，如圖 4.2 所示。對於某些狀態指標，難以通過精確的數字進行定量描述的，需要通過專家知識和歷史經驗來描述其定性結果。故障診斷和剩餘壽命預測在效能評估之後實施[53]。在以集成系統健康管理為框架的電子系統效能評估的概念框架內，「健康狀態」評估監測系統當前的健康狀況，「效能」評估預測系統完成任務的能力，「診斷」是對故障進行精確的評估，之後的預測是對剩餘使用壽命分佈以及偏差或退化水準進行評估。

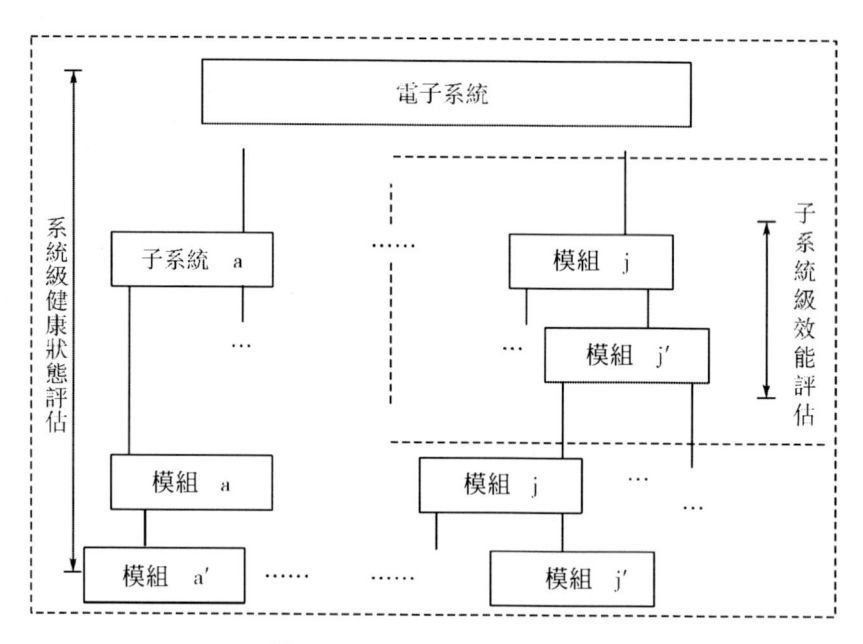

圖 4.2 分層效能評估方法概念

效能評估的主要目的是基於電子系統的健康狀態，評估主要功能模塊完成任務的能力，並且識別它們在任務中對各自的期望，以及用有效的效能評估方法對電子系統的效能水準進行評估。同時，通過給出早期預警和預報及相應的處理方法為接下來的故障診斷和剩餘壽命預測提供實施基礎。由於電子系統的複雜性，數據採集通常較為困難，且數據並不總是準

確的。這意味著一個以集成系統健康管理為導向的效能評估是耗時的、低可信度的[117]。因此，本章介紹一種集成分層效能評價方法來解決該問題。

首先，將有限的數據用於一個完整系統的全面健康評估。其次，對評估結果進行分析和檢查。如果評估結果是好的，那麼就把信息發送給決策者；否則，根據評估的數據來選中一個子系統，並進行進一步效能評估。最後，將評價結果進行分析並將信息發送給決策者。具體的內容將在下節中進行介紹。

4.2 技術範式

本節對電子系統的構成和結構進行分析，確定指標體系並介紹評估的步驟以及相應的指標處理方法，進而通過評估方法求解。

4.2.1 指標體系

航天器推進系統電子系統分層效能評估是在有機統一的理念指導下，從分層的角度，逐級對電子系統的安全性進行評價。其分層主要是指對系統級的狀態評估，即基於系統級的健康狀態評估結果，對電子系統中子系統進行效能評估，從而得出更精確的效能值，為決策者提供更科學、更合理的決策，提高系統運行和使命完成的可靠性、安全性[47,84,96]。電子系統分層效能評估是對所有影響系統級健康狀態的各項因素的衡量。首先對各種因素進行綜合評價，通過無量綱化處理，算出普適性的值，以便進行健康管理整體框架下的可靠性評價和故障診斷[105,118]。對這些因素的評價是從其相應的指標狀態角度進行的，而指標狀態測試的是系統某個或者一些維度的狀態。系統級健康狀態是各個指標的狀態的綜合。眾所周知，木桶效應是指一個木桶能夠容納的最大水量取決於其最低的那塊木板。同樣的道理，系統的安全水準取決於其子系統中狀態較差的系統的水準，因此對子系統級效能水準的評估具有強烈的必要性和重要性。進行子系統層級的

效能評估時，基於系統級狀態評估的結果，對其結果進行分析，找出其中狀態水準較差，但是其功能和角色又較重要的子系統進一步做出效能評估。針對效能水準問題，同樣要對影響子系統效能水準的所有因素進行檢測，結合相應的指標進行度量，即所得到的指標效能值要能反應子系統某一或者某些維度的效能水準。該過程要把這些影響因素之間的相互關聯考慮進去，從而得到更加貼近複雜現實環境的效能值。

4.1.3.1 評估步驟

電子系統分層效能評估的邏輯起點就是研究目標，具體的評估步驟如圖4.3所示。

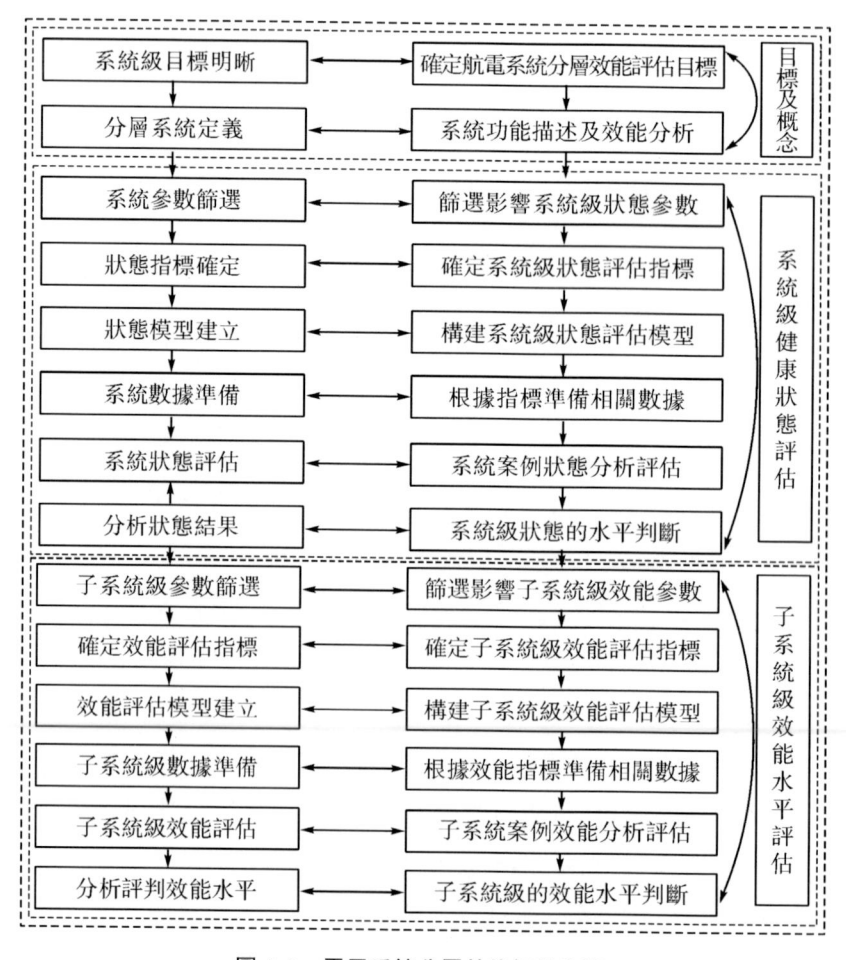

圖4.3 電子系統分層效能評估步驟

整個評估過程首先圍繞著系統級的狀態評估展開，結合著不同層級系統的特徵和環境，運用數理方法對相應問題進行處理，從而得到精確的決策依據，提高航天器運行的安全性和可靠性。

4.1.3.2 指標確定

分層效能評估根據電子系統的特徵，先後進行系統級的狀態評估和子系統級的效能評估。其取得良好效果的根本在於對指標的確定。

如何根據電子系統的複雜性特徵，依託影響系統級狀態和子系統級效能的因素進行指標體系的合理構建是研究的重點。

（1）期望標準。

電子系統分層效能評估指標體系的構建對於其評價結果以及後續的決策有著至關重要的意義。指標選擇的合理性和指標體系構建的科學性都會直接或者間接地影響其評估效果。根據對該類多屬性問題的研究，指標的選擇通常有以下五個期望標準：

①完整性。指標體系應能夠表徵決策所需的所有重要方面。

②可計算。指標可以有效地在分析與評估過程中進行度量處理。

③可分解。決策的問題能夠被分解以簡化評估過程。

④無冗餘。決策問題的各方面不被重複考量。

⑤極小性。不能用更精簡的指標體系來對同一決策問題進行描述。

同時具備以上五個期望標準在實際評估過程中非常困難，因而上述性質又稱為多屬性決策指標體系的期望標準。

（2）確定原則。

按照上文講述的期望標準對推進系統電子系統進行分析，對影響其系統級狀態和子系統級效能的核心指標進行篩選，而非簡單無序的累加，實現對電子系統的安全性的完整評估，精準判斷其效能水準。指標並不是越多越好，過多的考核指標會增加系統評估的複雜性，從而影響評估效率，降低健康管理的經濟性和可操作性，所以要按照以下原則進行指標選取：

①完備性。電子系統的健康狀態能夠比較全面地反應在指標體系中。

②可測性。指標挑選時傾向於定性指標、相對容易計算的定量指標以及相對容易確定的核心指標。

③客觀性。電子系統健康狀態能夠在所選指標中客觀地聯繫起來。系統在設計、製造或運作中的健康狀態性質與特徵能夠通過指標仿真被反應出來。

④獨立性。各指標應盡量相互獨立，減少重複考量某種因素，以避免指標交疊而影響對指標權重的客觀評定。

⑤最簡性。在能夠滿足系統健康狀態評估的基本需求條件下，盡可能以最為精煉的核心指標來進行狀態評估。

（3）確定方法。

電子系統分層效能評估指標確定的關鍵在於對定性指標和定量指標的綜合分析。由於系統的複雜性，效能評估問題屬於典型的多屬性問題類型。其屬性眾多的特點使得在指標選擇是需要處理由於屬性不同而產生的指標無法統一度量等問題，因此指標選擇過程也較為複雜，涉及眾多領域的專業知識。針對這一問題，可以採用由來自不同科技部門和領域的專家組成的團隊，運用德爾菲法，結合其在各領域的實際工作經驗和研究成果，對電子系統指標體系所涉及的影響因素和問題進行評估和判別，最終通過不斷的匯總和反覆討論，達成一致意見，構建合理的電子系統分層效能評估體系，並對其進行詳細的運用說明。

（4）指標分類。

在對指標進行分類時，通常是根據屬性對決策者的主觀願望的獨立程度、屬性是否能定量表述以及人們對屬性值的期望特點等幾個標準來判斷區分的。具體而言，按照主觀願望獨立程度，可以劃分為主觀和客觀兩種屬性；按是否能夠進行定量表述，可以分為定性和定量兩種屬性；按照人們對屬性值的期望特性，主要有效益型、成本型、固定型、區間型、偏離

型和偏離區間型六種。

4.1.3.3 定性屬性定量化

定性屬性指的是決策人員給出的屬性對應信息是模糊的語義變量而不是精確的數字表達值。在解決多屬性決策問題時，將定性屬性進行科學的定量化處理使決策具有可行性和合理性。

（1）專家打分法。

專家根據每個屬性的特徵，對其進行定級。該方法的精確度與專家自身知識和專業技術水準密切相關，因此對評審專家的專業素養和經驗閱歷有嚴格要求。同時，還需將指標的複雜性及主觀認識的局限性考慮在內，可通過集值統計的方法來處理多樣化的估計結果，以降低誤差，提高精確性和有效性。

（2）判斷矩陣法。

一般來講，決策方案的重要程度和優越程度是通過定性屬性來描述的。當屬性值較難直接確定時，可以通過專家人員給出同一屬性在不同方案中的差別的兩兩比較判斷矩陣得到排序權向量，從而把排序權向量的分量作為定性屬性的定量值。該方法是以構建判斷矩陣為基礎的，其可信度和合理性受到決策群體規模的影響，如在層次分析法的判斷矩陣中，便可用加權算術平均群判斷矩陣法。

4.2.2 評估方法

航天器推進系統的電子系統分層效能評估問題是系統級健康狀態評估和子系統效能評估問題的集成。其特點是所涉及的因素眾多，且各因素之間存在著某種程度的關聯，因此本節就網絡層次法和貝葉斯網絡法的主要內容進行介紹。

4.2.2.1 網絡層次法

本節對網絡層次法的基本步驟和計算方法進行簡單的介紹。

（1）ANP 的基本步驟。

一般來說，在應用 ANP 方法時有如下四個步驟：

①網絡模型的構建；

②兩兩比較和優先級矢量的創建；

③超級矩陣的形成和轉化；

④確定最終排名優先。

（2）ANP 的計算方法。

步驟一，網絡結構的形成。首先由專家參與確定一整全面的指標，然後找出各一級指標、二級指標及備選方案之間的內在聯繫，並展示在網絡結構中。此處獲得的內在聯繫包括指標等級之間的內在關聯和指標等級內的關聯。

步驟二，兩兩比較矩陣的構建及局部權重的獲得。根據其在網絡結構中的關係，進行兩兩比較矩陣計算，從而獲得在網絡結構中各因素的局部權重值。在該步驟中，採用以下操作：分配成對比較矩陣的比較值後，根據公式（4.1），由特徵向量計算局部權重值，A、w 和 λ_{max} 在方程中分別對應於兩兩比較矩陣，特徵向量和特徵值為

$$Aw = \lambda_{max} w \tag{4.1}$$

$$A = \begin{bmatrix} a_{11} & a_{12} & \cdots & a_{1n} \\ a_{21} & a_{22} & \cdots & a_{2n} \\ \vdots & \vdots & \vdots & \vdots \\ a_{n1} & a_{n2} & \cdots & a_{nn} \end{bmatrix}$$

運用公式（4.2）對矩陣 A 進行計算，在公式中，a_{ij} 表示成對比較矩陣的成對比較值：

$$A = [a_{ij}]_{n \times n} \quad i = 1, 2, \cdots, n \quad j = 1, 2, \cdots, n \tag{4.2}$$

然後得到歸一化的兩兩比較矩陣 B，其中包括由公式（4.3）計算出的 b_{ij} 值：

$$B = \begin{bmatrix} b_{11} & b_{12} & \cdots & b_{1n} \\ b_{21} & b_{22} & \cdots & b_{2n} \\ \vdots & \vdots & \vdots & \vdots \\ b_{n1} & b_{n2} & \cdots & b_{nn} \end{bmatrix}$$

$$b_{ij} = \frac{a_{ij}}{\sum_{i=1}^{n} a_{ij}} \qquad i = 1, 2, \cdots, n \quad j = 1, 2, \cdots, n \tag{4.3}$$

通過公式（4.4）的計算可以得出特徵值w_i，從而得出特徵向量w：

$$W = \begin{bmatrix} w_1 \\ w_2 \\ \vdots \\ w_n \end{bmatrix}, \quad w_i = \frac{\sum_{i=1}^{n} b_{ij}}{n} \qquad i = 1, 2, \cdots, n \tag{4.4}$$

接下來，通過公式（4.5）得到λ_{max}的值，然後通過公式（4.6）和公式（4.7）對方程的一致性進行檢驗。

$$W' = \begin{bmatrix} w'_1 \\ w'_2 \\ \vdots \\ w'_n \end{bmatrix}, \qquad \lambda_{max} = \frac{1}{n}\left(\frac{w'_1}{w_1} + \frac{w'_2}{w_2} + \cdots + \frac{w'_n}{w_n}\right) \tag{4.5}$$

$$CI = \frac{\lambda_{max} - n}{n - 1} \tag{4.6}$$

$$CR = \frac{CI}{RI} \tag{4.7}$$

步驟四，將未加權的和加權的值形成限制超級矩陣，獲得最終的權重值。通過定位方便本列的局部權重，獲得超級矩陣。一般情況下，超級矩陣一列的值應該大於1。群集通過不斷的加權和歸一化處理，直到得到超級矩陣，每列值為1。這種新得到的超級矩陣通常被稱作超級加權矩陣[202,233]。

如果 k 是一個較大的隨機數,那麼將超級矩陣的系數增加為 $2k+1$,成為近似限制,即局部權重。同時稱新的矩陣為限制超級矩陣,對超級矩陣中的每一列進行正常化處理,得到指標的全局權重。

4.2.2.2 貝葉斯網絡法

這裡運用貝葉斯網絡法來計算可靠度。貝葉斯網絡法處理因果網絡中不確定性的基礎理論是條件概率理論。條件概率表示事件 A 在另外一個事件 B 已經發生條件下的發生概率,條件概率表示為 $P(A|B)$,並且有

$$P(A|B) = \frac{P(A \cup B)}{P(B)} \tag{4.8}$$

其中,$P(B)$ 表示事件 B 發生的概率,$P(A \cap B)$ 表示事件 A 與事件 B 的聯合概率,即事件 A 與事件 B 共同發生的概率,聯合概率也可表示為 $P(A,B)$。由此可以推出

$$P(A|B)P(B) = P(A,B) \tag{4.9}$$

$$P(A|B)P(A) = P(A,B) \tag{4.10}$$

由公式(4.9) 可以得到

$$P(A|B)P(B) = P(B|A)P(A) \tag{4.11}$$

$$P(A|B) = \frac{P(B|A)P(A)}{P(B)} \tag{4.12}$$

公式(4.11) 即為貝葉斯定理。根據該定理,$P(A)$ 表示假設 A 為真的概率或可信度,當獲得證據 B 之後,證據 B 有可能加強或者減弱假設 A 的可信度,因此可信度由 $P(A|B)$ 表示,並且根據貝葉斯定理進行更新。

如果 A 是一個變量,其值為 a_1, a_2, $\cdots$, a_n,則 A 的概率分佈可表示為 $P(A) = (x_1 x_2 \cdots x_n)$,並且有 $\sum_{i=1}^{n} x_i = 1$。

貝葉斯網絡法融合了概率論、圖論以及人工智能等理論和技術,是以有向無環圖的形式對系統進行建模,用節點表示系統中的變量,用有向邊

表示變量之間的因果關係，用條件概率表示變量之間的相關程度。圖 4.4 為一個簡單的五節點貝葉斯網絡結構。

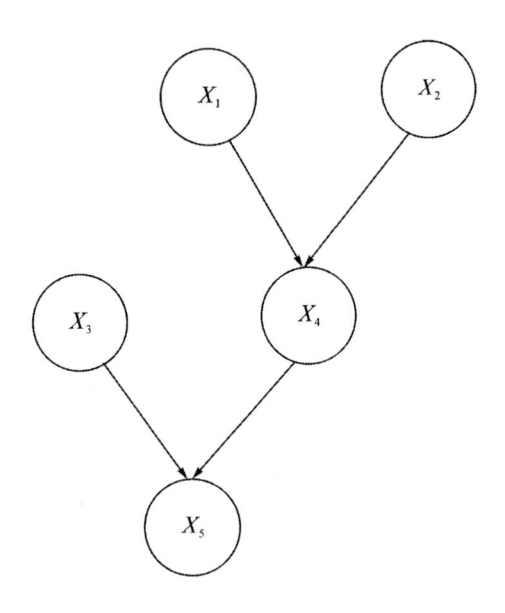

圖 4.4　貝葉斯網路結構

貝葉斯方法的實現是通過先驗信息建立後驗模型，常常針對工程實際中存在的高可靠、長壽命、小子樣系統進行可靠性分析，但該方法有一個致命的弱點——先驗分佈很難確定，這樣就限制了該方法的使用。

假定 P_k 是一個二級指標在監測時間 t_k 的失效可能性，$1<k<m$，$p_k T<t_k$，選擇 β 分佈作為第一層級 p_k 的分佈：

$$\pi_{k1}(p_k \mid a,b) = \frac{1}{B(a,b)} p_k^{a-1}(1-p_k)^{b-1}, \quad 0<p_k<1$$

其中，$B(a,b)$ 是函數，$a \leq 1$ 和 $b \geq 1$ 是兩個超參數。進而，對第二層級的先驗分佈有

$$\pi_{k2}(a) = U(0,1), \quad \pi_{k2}(b) = U(1,c)$$

其中，a 和 b 是互相獨立的值，$c \in (5,7)$ 是最優值。根據第一、第二層級的先驗分佈，可以得到 p_k 的先驗分佈：

$$\pi_k(p_k) = \iint \pi_{k1}(a,b)\pi_{k2}(a)\pi_{k2}(b)$$

$$= \int_0^1\int_t^c \frac{1}{c-1} \frac{p_k^{a-1}(1-p_k)^{b-1}}{B(a,b)}$$

其中，$s_k = n_k + n_{k+1} + \cdots + n_m$ 和 n_k 是 t_k 的樣本數量。同樣地，可根據 p_{k-1}，$\cdots$，p_1 的先驗分佈對相應的時刻點進行估計。進而，二級指標的可靠性可以通過分區分佈的方法得出。

在威布爾分佈下，對於給定的 $r \in (r', r_k)$，$1-\alpha$，可以降低置信度的可靠度表示為

$$\hat{R}_L(\tau) = \begin{cases} 0, & r > r_k \\ \alpha^{1/n_k}, & r = r_k \\ \alpha^{1/f(m_1^*)}, & r' < r < r_k \\ \alpha^{1/n}, & 0 < r \leq r' \end{cases}$$

其中，r' 是監測時間 n 的幾何平均數，$r' = (\prod_{i=1}^{k} r_i^{n_i})$，$f(m) = \sum_{i=1}^{k} n_i(r_i/r)^m$，且 m_1^* 是 $\sum_{i=1}^{k} n_i(r_i/r)^m \ln(r_i/r) = 0$ 獨特的解決方案。

4.2.3 構建模型

集成系統分層效能評估模型包括兩個層次：第一個層次是系統級的健康狀態評估，第二個層次是子系統級的效能水準評估。該方法通過採用隸屬函數來處理模稜兩可的情況，同時允許多屬性來進行同步評估。集成系統效能評估模型已成功應用於健康管理領域的複雜的模糊決策問題。考慮到這一點，將具有定量分析方法的綜合系統效能評估模型運用到以集成系統健康管理為導向的推進系統的電子系統的效能評估中。通常情況下，模糊比較方法是使用專家知識為判斷對象進行的。狀態語義值和效能語義值都是通過專家主觀評價和客觀測試獲取。專家小組的觀點被用來建立隸屬函數的所有標準和子標準。在此之後，狀態的權重和效能的權重可使用狀

態語義值和效能語義值得到，進而計算出系統級健康狀態值和子系統級的效能水準值。圖 4.5 完整地展示了建模過程。

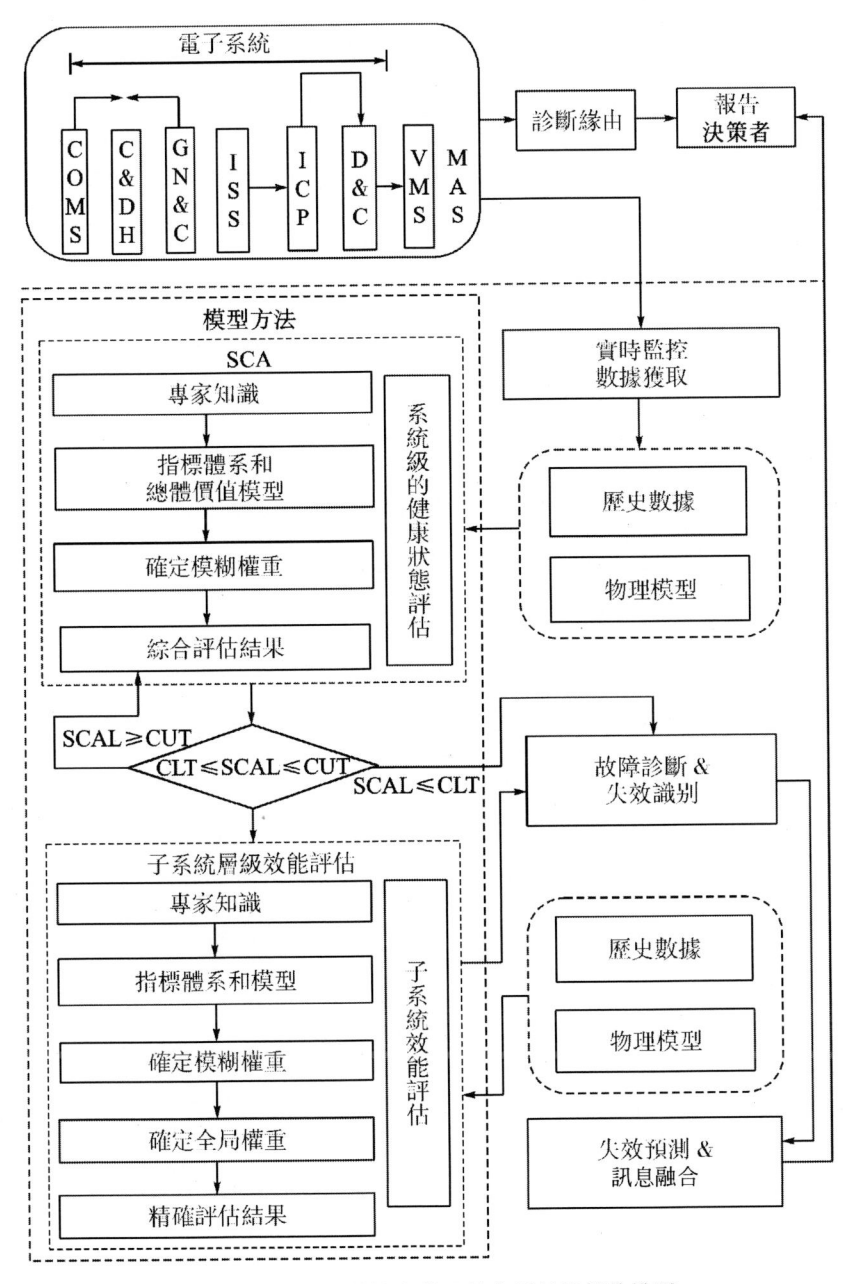

圖 4.5　面向系統健康管理的分層效能評估模型

4.2.3.1 系統級狀態評估

航天器推進系統電子系統級狀態評估主要包括成立專家小組構建指標體系，運用成對比較矩陣來計算指標和二級指標的局部權重（LW），通過將二級指標的局部權重與一級指標局部權重相乘計算得到二級指標的全局權重，採用程[84]提出來的模糊語義值法來測量二級指標，將計算得到的系統級的健康狀態水準值與其通過可靠性和劣化度進行功能完整性測試得到的上閾值（UT）和下閾值（LT），而後進行比較。

第一步，成立一個專家小組，將來自學術界以及工業部門的 10 名研究專家安排在一起，以確定系統級狀態評估模型使用的標準和子標準。系統級狀態評估（SCA）在指標體系的頂端，第二層有效性的指標是對有效性的三種測量維度的說明[94]。主要功能（MF）、可靠度（RD）和劣化度（DD）是從該系統角度進行綜合評價的三種不同維度。MF 反應了主要功能的完整性，如通信、導航、飛行控制和數據處理等。RD 測量關鍵部件 DD 的可靠性，並確定在關鍵部件發生的任何明顯的異常。如果 RD 發現系統在運行時有明顯異常，COMS、GN&C、C&DH 和 MAS 將被確定為四個子標準的 RD。同時，以同樣的方式確定 DD 的四個下級指標 ACS、D&C、ICP 和 ST。在分析過程中，對影響系統及健康狀態的二級指標進行檢查，並確定每個測試系統的相關二級指標。在對系統功能進行分析後，確定 13 個二級指標，這些指標被用於系統級健康狀態評估，從而構建了一個基於指標體系的分層模型。電子系統級健康狀態評價指標體系如表 4.2 所示。

表 4.2　　　　電子系統級健康狀態評價指標體系

指標	二級指標
主要功能	通信 導航 飛行控制（FC） 數據處理（DH）

表4.2(續)

指標	二級指標
可靠度	通信系統（COMS） 制導與控制系統（GN&C） 控制和數據處理系統（C&DH） 航電系統總線
劣化度	姿態控制系統（ACS） 顯示和控制（D&C） 綜合核處理器（ICP） 電力系統（EPS） 星體跟蹤器（ST）

第二步，運用成對比較矩陣來計算指標和二級指標的局部權重（LW）。成對比較判斷矩陣是使用三角模糊數的隸屬度來衡量LW[85]。權重的三角模糊數的隸屬度如表4.3所示。

表4.3　　　　　　　　重要性的模糊語義尺度

重要性的語義尺度	模糊尺度	倒數尺度
同等重要	(1, 1, 1)	(1, 1, 1)
稍微重要	(1/2, 1, 3/2)	(2/3, 1, 2/3)
比較重要	(3/2, 2, 5/2)	(2/5, 1/2, 2/3)
顯著重要	(5/2, 3, 7/2)	(2/7, 1/3, 2/5)
非常重要	(7/2, 4, 9/2)	(2/9, 1/4, 2/7)

層次分析法解決複雜問題是非常有效的。任何複雜的問題都可以從層次劃分的角度利用層次分析法拆分成幾個二級子問題，其中每個層次代表了一組與每個子問題相關的指標或屬性。其中，基於一個額外加權處理的多屬性分析方法，用它們的相對重要性來表示幾個相關的屬性[85]。通過層次分析法的成對矩陣過程得到幾個屬性的重要性，其中所述屬性的重要性將在分層結構中進行二對二的矩陣匹配。層次分析模型通過在模糊邏輯層次分析過程的成對比較矩陣中引入三角模糊數，來確定模糊偏好值。

第三步，通過將二級指標的局部權重與一級指標的局部權重相乘，計算得到二級指標的全局權重。三角模糊數是用邊界而不是具體數值來表示，其定義為 $\tilde{M}=(l,m,u)$。三角模糊數 $\tilde{M}=(l,m,u)$ 的隸屬度函數 $\tilde{M}(x)$：$R\to[0,1]$ 的定義為 R，得到：

$$\tilde{M}(x) = \begin{cases} (x-l)/(m-1), & l \leq x \leq m \\ (u-x)/(u-m), & m \leq x \leq n \\ 0, & 其他 \end{cases} \quad (4.13)$$

其中，$l \leq m \leq u$，m 是三角模糊數 $\tilde{M}$ 的值和最可能的值，l 和 u 分別是三角模糊數 $\tilde{M}$ 的上、下邊界。

三角模糊數 $\tilde{M}_1=(l_1,m_1,u_1)$ 和 $\tilde{M}_2=(l_2,m_2,u_2)$，其中 $l_1\ l_2 \geq 0$。具體運算法則如下：

$$[(l_1,m_1,u_1)] \oplus (l_2,m_2,u_2) = [(l_1+l_2, m_1+m_2, u_1+u_2)] \quad (4.14)$$

$$[(l_1,m_1,u_1)] \otimes (l_2,m_2,u_2) \approx [(l_1\times l_2, m_1\times m_2, u_1\times u_2)] \quad (4.15)$$

$$[(l_1,m_1,u_1)]^{-1} \approx (1/u_1, 1/m_1, 1/l_1) \quad (4.16)$$

第 i 個目標的模糊綜合尺度值定義為

$$S_i \approx \sum_{j=1}^{m} \tilde{M} \otimes \Big[\sum_{i=1}^{n}\sum_{j=1}^{m} \tilde{M}_{ij}\Big]^{-1} \quad (4.17)$$

$$\sum_{i=1}^{n}\sum_{j=1}^{m} \tilde{M}_{ij} = \Big(\sum_{i=1}^{n} \tilde{l}_{ij}, \sum_{i=1}^{n} \tilde{m}_{ij}, \sum_{i=1}^{n} \tilde{u}_{ij}\Big)$$

$$\sum_{j=1}^{m} \tilde{M}_{ij} \Big(\sum_{j=1}^{m} \tilde{l}_{ij}, \sum_{j=1}^{m} \tilde{m}_{ij}, \sum_{j=1}^{m} \tilde{u}_{ij}\Big)$$

$$\Big[\sum_{i=1}^{n}\sum_{j=1}^{m} \tilde{M}_{ij}\Big]^{-1} \approx \Big(1/\sum_{j=1}^{m} \tilde{u}_{ij}, 1/\sum_{j=1}^{m} \tilde{m}_{ij}, 1/\sum_{j=1}^{m} \tilde{l}_{ij}\Big)$$

運用公式（4.16）和公式（4.17）計算得到三角模糊數 $S_i=(l_i,m_i,u_i)$。

然後將 S_i 的值進行比較，並且計算出 $S_j=(l_j,m_j,u_j) \geq S_i=(l_i,m_i,u_i)$ 可能性的程度，如下：

$$V(S_j \geq S_i) = \text{height}(S_i \cap S_j)$$

$$= \begin{cases} 1, & \text{if } m_j \geq m_i \\ 0, & \text{if } l_i \geq u_j \\ \dfrac{l_i - u_j}{(m_j - u_i) - (m_i - l_i)}, & \text{otherwise} \end{cases} \quad (4.18)$$

對比 S_i 和 S_j，$V(S_j \geq S_i)$ 和 $V(S_i \geq S_j)$ 都需要。$V(S_j \geq S_i)$（$i5, j = 1$, 2, $\cdots, k$）可能性的最小值可通過下式進行定義：

$$V(S \geq S_1, S_2, S_k) = V[S \geq S_1 \text{ and}(S \geq S_2) \text{ and } \cdots (S \geq S_k)]$$

$$= \min_{i=1,2,3,\cdots,k} V(S \geq S_i) \quad (4.19)$$

同時，局部權重向量也標準化如下：

$$W = (\min V(S_1 \geq S_k), \min V(S_2 \geq S_k), \cdots, \min V(S_i \geq S_k)) \quad (4.20)$$

這裡 $k = 1, 2, \cdots, n$，w 是一個非模糊數。

第四步，採用程[84]提出來的模糊語義值法來測量二級指標。這些模糊邏輯語義值的模糊標量如表 4.4 所示。

表 4.4　　　　　　　　　模糊語義尺度和模糊尺度

模糊語義尺度	模糊語義值
非常好	1
好	0.75
中等	0.5
差	0.25
很差	0

系統級健康狀態評估（SCA）的值由二級指標的狀態權重相加得到。狀態權重的值由二級指標的全局權重和相應的健康狀態值得到。對於指標體系的三個指標，二級指標的健康狀態值通過採用系統功能完整性測試得到。運用上一節中所述的貝葉斯可靠性分析方法對可靠性進行估計，從而確定可靠性二級指標的健康狀態值[74]。劣化度被用來確定劣化度二級指標

的健康狀態值。

第五步，將計算得到的系統級的健康狀態水準值與其通過可靠性和劣化度進行功能完整性測試得到的上閾值（UT）和下閾值（LT）進行比較。運用上一節介紹的貝葉斯網絡法計算出可靠度的值，然後就劣化度測定方法進行介紹，具體的步驟有以下三個：

①對於由監測和性能參數表示的系統來說，劣化度表示為

$$d_i = \left| \frac{x_i - x_0}{x_{max} - x_0} \right|^k, \quad x_0 \leq x_i \leq x_{max}$$

其中，x_0 是常數，x_{max} 是退化和失效的閾值，x_i 是實際觀測值的參數，且 k 是參數和系統狀態變化的關係。

② x_0 和 x_{max} 是範圍值，劣化度通過下式進行計算：

$$d_i = \begin{cases} 1, & x_i < x_1 \\ |(x_i - x_2)/(x_1 - x_2)|^k, & x_1 < x_i < x_2 \\ 0, & x_2 < x_i < x_3 \\ |(x_i - x_3)/(x_4 - x_3)|^k, & x_3 < x_i < x_4 \\ 1, & x_4 \leq x_i \end{cases}$$

其中，x_2 是常數的上邊界，x_3 是下邊界，x_1 和 x_4 分別是退化和失效的上邊界和下邊界。

③對於無法獲得監測數據的情況，應該通過專家和工程師團隊的判斷來得出劣化度的值。

然後，對非線性模型的求解，其過程如下列方程組所示：

max = λ ,

(1/2) × λ × w_2 − w_1 + w_2 ≤ 0

(1/2) × λ × w_2 + w_1 − 2w_2 ≤ 0

(1/2) × λ × w_3 − w_1 + w_3 ≤ 0

(1/2) × λ × w_3 + w_1 − 2w_3 ≤ 0

$(1/2) \times \lambda \times w_4 - w_1 + (1/2) \times w_4 \leq 0$

$(1/2) \times \lambda \times w_4 + w_1 - (3/2) \times w_4 \leq 0$

$(1/6) \times \lambda \times w_4 - w_2 + (1/2) \times w_4 \leq 0$

$(1/3) \times \lambda \times w_4 + w_2 - w_4 \leq 0$

$w_1 + w_2 + w_3 + w_4 = 1$

其中，上閾值和下閾值是判斷系統健康狀態的依據。同時，通過全局權重和狀態水準值確定子系統的警報標準線（ASL），並根據對比結果來進行狀態評估和決策。如果系統級狀態水準大於上閾值，即 SCAL>UT，說明系統的運行狀態良好。如果 LT<SCAL<UT，應該繼續進行即時監測，同時根據全局權重和警報標準線來選擇一個子系統從而進行進一步的效能評估。如果 SCAL<LT，說明系統處於危險的狀態，應該停止運行並通過實施故障診斷和壽命預測來找出偏差和劣化情況，估計出現的故障和維修情況，甚至是重新發布命令。

4.2.3.2 子系統級效能評估

如果系統級狀態值（SCAL）滿足條件：LT<SCAL<UT，那麼根據全局權重和警報標準線來選擇一個子系統[165]，構建子系統級的效能評估模型如圖 4.6 所示：

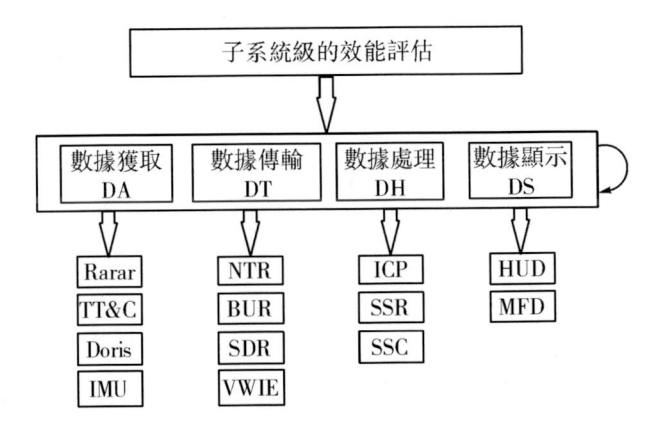

圖 4.6 面向系統健康管理的子系統級的效能評估模型

第六步，根據警報標準線和全局權重選擇一個子系統。子系統級的效能評估模型適用於不同決策層次和屬性之間的複雜關係。由於在分層方法中難以用高或低、顯著或不顯著、直接或間接的形式表達層次之間的複雜關係，所以子系統級的效能評估方法用網絡代替分層方法。首先確定子系統級效能評估模型中要用到的一級指標和二級指標，並在此基礎上構建其分層結構[149]。

第七步，運用兩兩比較矩陣來確定要素和子要素的局部權重（假設因素之間相互獨立）[166]。就相對重要性來測量的相對權重使用的模糊標度列於表4.3。

第八步，運用模糊語義尺度來確定每一個要素與其他要素之間的內在關聯度。所構成的內生矩陣乘以在第七步中提到的要素的局部權重，從而計算出要素的內在關聯權重[69]。

第九步，計算出子要素的全局權重。將子要素的局部權重乘以它所屬指標的內在依賴權重，得到子要素的全局權重。

第十步，對子要素進行衡量。這裡要運用程提出的模糊語義尺度。有關這些尺度的平均值如圖4.3所示。另外，在運用這些評估標度的時候，需要注意這些語義尺度會根據子要素結構的變化而變化[82]。

第十一步，通過子要素的全局權重和模糊語義尺度來計算得到子系統級的效能評估結果。將所得到的子系統的效能水準值、效能上閾值和下閾值進行比較，並根據對比結果確定效能水準和相應的決策。

4.3　應用分析

由來自學術界、研究機構和工業部門的10名專家共同組建的專家團隊運用狀態評估模型為航天器推進系統的電子系統測試系統設計算例。專家

團隊建立成對比較矩陣來計算局部權重，建模求解的過程的結果具體如下文所示。

4.3.1 算例求解

在上述模型的基礎上，根據電子系統的實際情況編製了數值算例，運用模型先後進行系統級的健康狀態評估和子系統級的效能評估。

4.3.1.1 系統級的健康狀態評估

首先，建立評估系統狀態的指標體系，如圖 4.7 所示。

第一步，基於指標體系構建系統級的狀態評模型。該模型包括五個層次。

處在頂層的是電子系統的健康狀態評估目標。三個指標分佈在第二層，其分別對應的二級指標處在第三層。

處在第四層的是用來衡量二級指標狀態權重的模糊標度。對測試子系統的效能計算處在第五層。

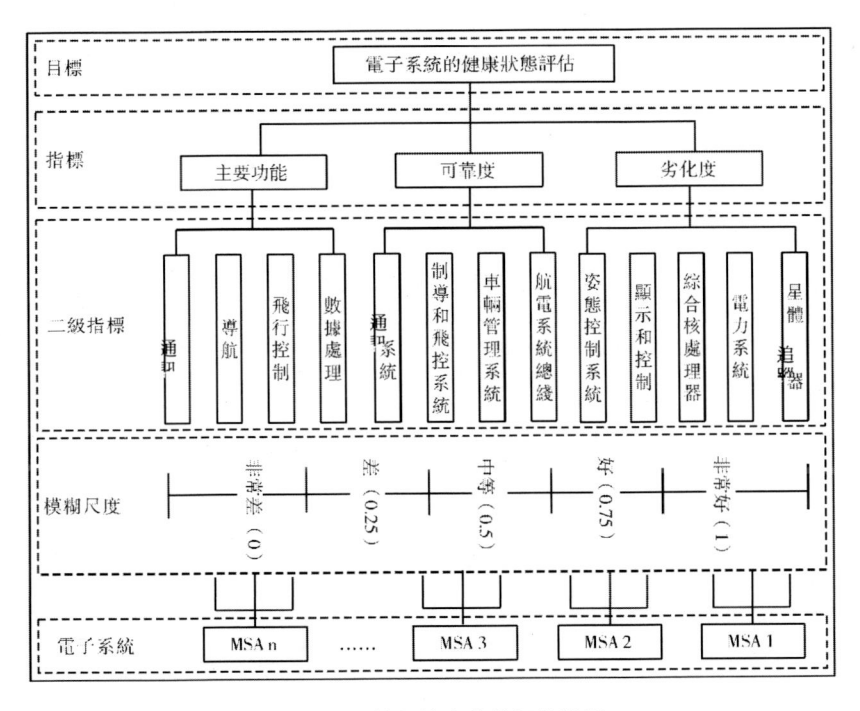

圖 4.7 系統級健康狀態評估模型

第二步，計算出系統級健康狀態評估模型中的第二和第三層的指標和二級指標的局部權重。通過模糊尺度和專家團隊判斷來建立成對比較矩陣。運用三角模糊尺度判斷得到三個指標的成對比較矩陣如表4.5所示。運用公式（4.11）和公式（4.17），計算出表4.5中每一列的平均值，結果如表4.6所示。

表 4.5　　　　　　　　　模糊指標評價的平均值

指標	主要功能	可靠度	劣化度
主要功能	(1.000, 1.000, 1.000)	(0.734, 0.915, 1.278)	(0.750, 0.946, 1.303)
可靠度	(0.632, 0.876, 1.163)	(1.000, 1.000, 1.000)	(0.798, 1.017, 1.392)
劣化度	(0.615, 0.844, 1.116)	(0.735, 0.976, 1.287)	(1.000, 1.000, 1.000)

表 4.6　　　　　　　　　指標模糊成對比較矩陣

指標	主要功能	可靠度	劣化度
主要功能	(1, 1, 1) (1, 1, 1) (1, 1, 1) ……	(2/3, 1, 4/3) (2/5, 1/2, 2/3) (1, 1, 1) ……	(1, 1, 1) (3/2, 2, 5/2) (1/2, 1, 3/2) ……
可靠度	(1/2, 1, 3/2) (3/2, 2, 5/2) (1, 1, 1) ……	(1, 1, 1) (1, 1, 1) (1, 1, 1) ……	(2/3, 1, 4/3) (1, 1, 1) (1/2, 1, 3/2) ……
劣化度	(1, 1, 1) (2/5, 1/2, 2/3) (2/3, 1, 4/3) ……	(1/2, 1, 3/2) (1, 1, 1) (2/3, 1, 4/3) ……	(3/2, 2, 5/2) (1, 1, 1) (1, 3/2, 2) ……

將S_i的值進行單獨比較，然後運用公式（4.18）計算出$S_j = (l_j, m_j, u_j) \geqslant S_i = (l_i, m_i, u_i)$的可能性。例如，$V(S_2 \geqslant S_1) = (0.179 - 0.387)/[(0.257 - 0.387) - (0.261 - 0.179)] = 0.981$。運用同樣的方法計算出$V(S_i \geqslant S_j)$的值，如表4.7所示。

表 4.7 $V(S_i \geq S_j)$ 的值

$V(S_1 \geq S_j)$ 的值	$V(S_2 \geq S_j)$ 的值	$V(S_3 \geq S_j)$ 的值
$V(S_1 \geq S_2) = 1.000$	$V(S_2 \geq S_1) = 0.981$	$V(S_3 \geq S_1) = 0.841$
$V(S_1 \geq S_3) = 1.000$	$V(S_2 \geq S_3) = 1.000$	$V(S_3 \geq S_2) = 0.865$

然後，運用公式（4.19）來確定 $V(S_i \geq S_j)$ ($i,j=1,2,\cdots,k$) 的最小值，進一步通過運用公式（4.20）來確定局部權重的值為 $W' = (1.000, 0.981, 0.841, 0.953)^T$。經過標準化處理後，得到 $W = (0.265, 0.259, 0.223, 0.253)^T$，這裡 W 是一個非模糊數。

所有二級指標的成對比較矩陣都是按相同的方式建立的，並且二級指標局部權重按照上述的成對比較矩陣的平均值進行計算。

第三步，運用指標和二級指標的局部權重可以計算出二級指標的全局權重。二級指標的全局權重是通過二級指標的局部權重乘以指標的局部權重計算得到的。計算得到的二級指標的全局權重如表 4.8 所示。

表 4.8   二級指標的局部權重和全局權重

指標（LW）	二級指標	LW	GW
主要功能（0.356）	通信	0.218	0.077
	導航	0.277	0.098
	飛行控制	0.269	0.095
	數據處理	0.236	0.084
可靠度（0.359）	通信系統	0.266	0.095
	制導與飛控系統	0.207	0.074
	控制和數據處理系統	0.229	0.082
	飛行器管理系統	0.138	0.049
	航電系統總線	0.160	0.057
劣化度（0.285）	姿態控制系統	0.201	0.057
	顯示和控制	0.193	0.055

表4.8(續)

指標（LW）	二級指標	LW	GW
	綜合核處理器	0.209	0.059
	電力系統	0.211	0.060
	星體追蹤器	0.186	0.053

　　第四步，二級指標的健康權重值由二級指標的全局權重和表4.8和表4.3中所示的語義值確定。狀態權重是通過二級指標的全局權重和相應的狀態水準值計算得到的，而系統級健康狀態評估值等於所有二級指標的狀態權重之和。一個具有完整功能模塊的測試系統開始進行測試，如算例中所示，以500小時的運行時間為評估的時間節點。根據測試，測試系統的主要功能是完整的、正確的。主要功能的二級指標的模糊語義值被判定為「好」，如表4.4所示，其對應的模糊尺度是0.75。

　　可靠度是假設用來確定可靠度二級指標的狀態水準值，它是零故障系統在早期進行廣泛實驗結束時的一種可能性。在置信度為0.95的零失效時間內，可靠度二級指標的可能性值分別確定為0.998,9、0.998,8、0.998,6、0.999,1、0.998,3。運用上一節提到的估計方法計算可靠度的值，表4.9中所示的工程經驗數據是可靠和合理的。

表4.9　　　　　　　　　可靠度二級指標值

二級指標	可靠度的值				
	RD(100)	RD(200)	RD(300)	RD(400)	RD(500)
通信系統	0.998,9	0.998,1	0.996,7	0.995,7	0.995,9
制導和飛控系統	0.998,8	0.997,7	0.996,8	0.995,6	0.994,5
控制和數據處理系統	0.998,6	0.997,3	0.996,5	0.995,2	0.994,1
航電系統總線	0.999,1	0.998,5	0.997,1	0.996,3	0.992,9
飛行器管理系統	0.998,3	0.996,9	0.995,8	0.994,8	0.993,8

將劣化度定義為 $d_i \in [0,1]$，其決定了劣化度二級指標的健康水準值，並且代表著其狀態發生偏差的程度。其中 $d_i = 0$ 代表最佳的狀態，而 $d_i = 1$ 代表最差或者失效的狀態。

運用劣化度估計方法，得到劣化度的值，其結果如表 4.10 所示。

表 4.10　　　　　　　劣化度二級指標值

二級指標	單位	範圍	測量值	劣化度
姿態控制系統	程度（誤差）	<0.01°	0.012°	0.18
顯示和控制	—	—	—	—
綜合核處理器	伏特	(1.2~1.5)	1.34	0.09
電力系統	瓦	(265~295)	263	0.23
星體追蹤器	伏特	(5~15)	12.6	0.11

將 $[R(500)-0.9] \times 10$ 的值作為可靠度二級指標的健康狀態值，$1-d_i$ 的值作為劣化度二級指標的值。計算出的測試系統的狀態權重和系統級健康狀態水準值如表 4.11 所示。

表 4.11　　　測試系統的狀態權重和系統級健康狀態水準值

二級指標	全局權重	狀態水準值	狀態權重
通信	0.077	0.750	0.067
導航	0.098	0.750	0.066
飛控	0.095	0.750	0.060
數據處理	0.084	0.750	0.055
通信系統	0.095	0.959	0.091
制導和飛控系統	0.074	0.945	0.082
控制和數據處理系統	0.082	0.941	0.079
飛行器管理系統	0.049	0.938	0.061
航電系統總線	0.057	0.929	0.046
姿態控制系統	0.057	0.820	0.053
顯示和控制	0.055	0.850	0.062

表4.11(續)

二級指標	全局權重	狀態水準值	狀態權重
綜合核處理器	0.059	0.910	0.067
電力系統	0.060	0.770	0.060
星體追蹤器	0.053	0.890	0.047
系統級狀態評估值			0.896

第五步，評估系統級健康狀態時，所有指標狀態加權總和可以由系統級健康狀態評估專家團隊通過將上下閾值和可靠度及劣化度進行對比來判斷測試系統的健康水準。主要功能二級指標的模糊語義尺度設置在「好」與「非常好」之間以確定上閾值的值，而且 R（100）的值通過將劣化度設置為 0.10 來確定可靠度二級指標的狀態水準值。為了確定下閾值，將主要功能的模糊語義值設置在「中等」和「好」之間，R（1,000）的值通過將劣化度設置為 0.35 來確定可靠度二級指標的狀態水準值。其上閾值確定為 0.912，下閾值確定為 0.687，這裡得到子系統的警報標準線。通過測試系統的系統級健康狀態評估、上閾值和下閾值，可以看出 0.687<0.896<0.912，結果說明系統級的健康狀態並不是「非常好」，因此需要進行更進一步的效能評估以研究其具體原因。

4.3.1.2 子系統的效能評估

第六步，正如在上文中提到的，系統級狀態評估結果並不是「非常好」，所以需要更進一步的評估以解釋具體原因。從表 4.11 中可以看出，導航子系統的狀態水準值為 0.066，已低於警報標準線 0.070。另外，導航系統在所有二級指標中的全局權重最高，因此導航系統的健康狀態已經發生偏差。該系統有四個主要功能：導航和定位功能（NPA）、時間服務功能（TSA）、氣象測量調查、配套功能（MSC）以及通信功能（CC）。其中，導航和定位功能有四個二級指標：覆蓋區域（CA）、精確定位（PP）、定位回應時間（PRT）和速度精確功能（PSC）。時間服務功能有兩個二級指標：定時精度（TA）及更新頻率（UF）。配套功能的二級指標（MSC）有

保密功能（SA）、抗干擾能力（AJC）及指揮和協調能力（CCC）。通信功能（CC）的二級指標有用戶容量（UC）及誤碼率（BER）。因此根據四個指標確定 11 個二級指標並進行分類。導航系統級效能評估指標體系如表 4.12 所示。

表 4.12　　　　　　　　導航系統級效能評估指標體系

指標	二級指標
導航和定位功能	覆蓋區域（CA）
	精確定位（PP）
	定位回應時間（PRT）
	速度精確功能（PSC）
時間服務功能	定時精度（TA）
	更新頻率（UF）
配套功能	保密功能（SA）
	抗干擾能力（AJC）
	指揮和協調功能（CCC）
通信功能	用戶容量（UC）
	誤碼率（BER）

　　結合圖 4.8 中完整的建模過程，運用在第一步中確定的指標和二級指標，構建子系統效能評估模型。

　　導航系統級效能評估模型功能包括三個層次。第一層級是建模目標，即「評估子系統的效能水準」。第二層級包括衡量導航系統的指標。該層級的指標通過單向箭頭與第一層級的目標連接起來。在第二層級中的箭頭象徵著相互依存內在聯繫。二級指標在第三層級。

　　第七步，對圖 4.7 中第二層級和第三層級的指標和二級指標的局部權重進行計算。專家組根據表 4.3 中的尺度構建成對比較矩陣，如表 4.13 所示，並以同樣的方式確定模糊評價矩陣。

　　通過表 4.4 中的模糊比較值和上節提到的模糊優先級方法，計算出指標的局部權重。運用非線性模型計算出表 4.4 中的權重。因此，從上述模

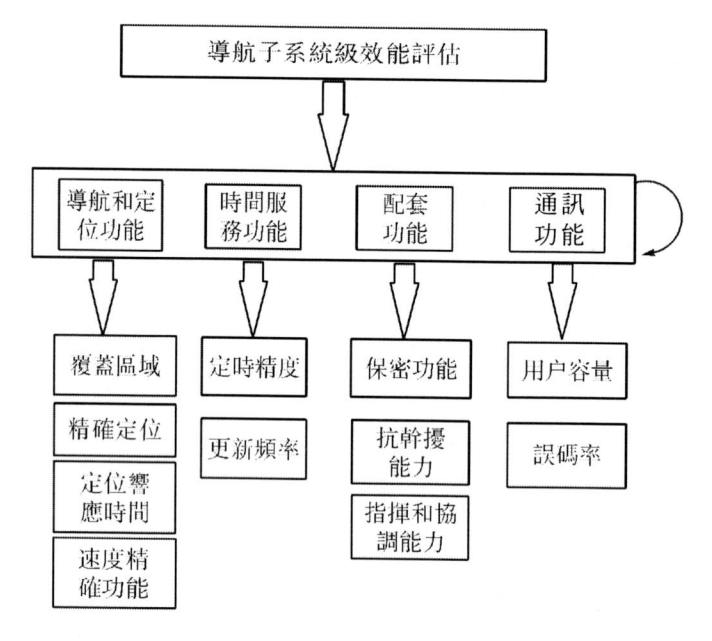

```
                ┌─────────────────────┐
                │ 導航子系統級效能評估 │
                └──────────┬──────────┘
                           ↓
        ┌──────────┬──────────┬──────────┬──────────┐──┐
        │ 導航和定 │ 時間服   │ 配套     │ 通訊     │  │
        │ 位功能   │ 務功能   │ 功能     │ 功能     │  │
        └────┬─────┴────┬─────┴────┬─────┴────┬─────┘←─┘
             ↓          ↓          ↓          ↓
        ┌─────────┐┌─────────┐┌─────────┐┌─────────┐
        │ 覆蓋區域 ││ 定時精度 ││ 保密功能 ││ 用戶容量 │
        └─────────┘└─────────┘└─────────┘└─────────┘
        ┌─────────┐┌─────────┐┌─────────┐┌─────────┐
        │ 精確定位 ││ 更新頻率 ││ 抗幹擾   ││ 誤碼率   │
        │         ││         ││ 能力     ││         │
        └─────────┘└─────────┘└─────────┘└─────────┘
        ┌─────────┐           ┌─────────┐
        │ 定位響   │           │ 指揮和協 │
        │ 應時間   │           │ 調能力   │
        └─────────┘           └─────────┘
        ┌─────────┐
        │ 速度精   │
        │ 確功能   │
        └─────────┘
```

圖 4.8　導航子系統級效能評估模型

型的權重向量計算得 $W_{Criteria}$ ＝ （0.349，0.171，0.238，0.242）^{T} 和一致性指標 λ 值 0.68，表明模糊成對矩陣符合一致性特徵。進而，按照類似於上述模糊評價矩陣方法計算得到二級指標的局部權重。

第八步，考慮指標之間的相互依賴性並計算出指標的相互關聯權重。如圖 4.9 所示，通過分析每個指標之間的影響，確定指標之間的關聯性。

專家團隊通過地面研究確定了這些關聯性，並且得到以下結論：「導航和定位能力」指標影響時間，「通信功能」指標和「導航和定位功能」指標之間也存在互相關聯性。

根據圖 4.9 中所示的相互關聯性，專家團隊通過構建導航和定位功能指標、配套功能指標及通信功能指標成對比較矩陣確定所有指標之間的相互關聯性，並由此對相對重要性權重矩陣進行計算。這些指標的權重在表 4.14 中都分別表示出來了。「0」值表示兩個指標沒有關聯性。

4 電子系統分層效能評估 | 99

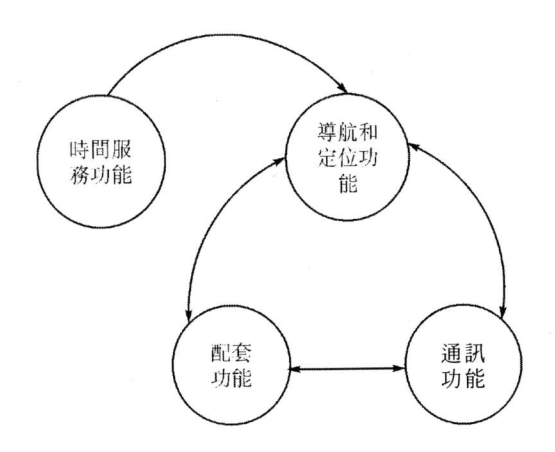

图 4.9 指標相互關聯性

運用表 4.13 和表 4.14 中的數據，基於互相關聯性計算出指標之間的相對重要權重。

$$w_{criteria} = \begin{bmatrix} 0.421 & 0 & 0.545 & 0.499 \\ 0.10 & 0 & 0.274 & 0.381 \\ 0.189 & 0.113 & 0 & 11 \\ 0.326 & 0 & 0.383 & 0 \end{bmatrix} \times \begin{bmatrix} 0.378 \\ 0.167 \\ 0.223 \\ 0.232 \end{bmatrix} = \begin{bmatrix} 0.396 \\ 0.104 \\ 0.179 \\ 0.209 \end{bmatrix}$$

計算顯示導航和定位功能（NPA）、配套功能（MSC）以及通信功能（CC）是與子系統級效能評估目標最相關的三個重要指標。在沒有考慮指標優先級（表 4.13）及相互關聯性（$w_{criteria}$）情況下獲得的結果可以看出有明顯差異。

表 4.13　　　　　　　子系統級指標成對比較矩陣

指標	導航和定位功能	時間服務功能	權重
導航和定位功能	(1.000, 1.000, 1.000)	(1.500, 2.000, 2.500)	0.378
時間服務功能	(0.400, 0.500, 0.667)	(1.000, 1.000, 1.000)	0.167
配套功能	(0.500, 0.667, 1.000)	(1.000, 1.500, 2.000)	0.223
通信功能	(0.400, 0.500, 0.667)	(1.000, 1.500, 2.000)	0.232

表4.13(續)

指標	配套功能	通信功能	權重
導航和定位功能	(1.000, 1.500, 2.000)	(1.500, 2.000, 2.500)	0.378
時間服務功能	(0.500, 0.667, 1.000)	(0.500, 0.667, 1.000)	0.167
配套功能	(1.000, 1.000, 1.000)	(0.667, 1.000, 2.000)	0.223
通信功能	(0.500, 1.000, 1.500)	(1.000, 1.000, 1.000)	0.232

表4.14　　　　　　　　　　指標間相互影響度

指標	導航和定位功能	時間服務功能	配套功能	通信功能
導航和定位功能	0.421	0	0.545	0.499
時間服務功能	0.100	0	0.110	0.179
配套功能	0.189	0.113	0	0.381
通信功能	0.326	0	0.383	0

第九步，運用第八步中二級指標的相互關聯權重和局部權重，計算得到二級指標的全局權重。二級指標的全局權重通過其所屬指標的內在關聯權重計算得到，如表4.15所示。

表4.15　　　　　　　　　　二級指標全局權重

指標及局部權重	二級指標	局部權重	全局權重
導航和定位功能（0.396）	覆蓋區域	0.381	0.150
	精確定位	0.222	0.088
	定位回應時間	0.273	0.108
	速度精確功能	0.124	0.049
時間服務功能（0.104）	定時精度	0.321	0.033
	更新頻率	0.402	0.042
配套功能（0.179）	保密功能	0.462	0.083
	抗干擾能力	0.255	0.046
	指揮和協調功能	0.283	0.051
通信功能（0.209）	用戶容量	0.465	0.097
	誤碼率	0.535	0.112

第十步，二級指標的效能權重是通過表 4.15 中所示的二級指標的全局權重和表 4.3 中的語義值來確定的。效能權重是二級指標的全局權重和通過專家小組判斷及目標測試得到的效能語義值進行計算得出的。在此基礎上，通過將所有二級指標的效能權重加總得到子系統級的效能水準值。根據測試，其主要功能是集成的和正常的。具體來說，其時間服務功能、配套功能和通信功能的效能值通過表 4.4 中的模糊語義尺度來確定，其值為 0.75。

本節運用第四步中描述的方法和性能偏差值來確定導航和定位功能的效能值，結果如表 4.16 所示。

表 4.16　　導航和定位功能二級指標的性能偏差

二級指標	單位	範圍	測量值	性能偏差
覆蓋區域	千米	(8,300~8,900)	8,642	0.09
精確定位	米	(5~12)	4.6	0.27
定位回應時間	秒	(3~15)	11.6	0.13
速度精確功能	—	—	—	—

將 $1-d_i$ 作為導航和定位功能二級指標的效能值，計算得到導向系統級的效能權重和效能水準值，如表 4.17 所示。

表 4.17　　導向系統級效能權重和效能水準值

二級指標	全局權重	效能水準值	效能權重
覆蓋區域	0.150	0.91	0.137
精確定位	0.088	0.73	0.064
定位回應時間	0.108	0.87	0.094
速度精確功能	0.049	0.85	0.042
定時精度	0.033	0.75	0.025
更新頻率	0.042	0.75	0.032
保密功能	0.083	0.75	0.062
抗干擾能力	0.046	0.75	0.034

表4.17(續)

二級指標	全局權重	效能水準值	效能權重
指揮和協調功能	0.051	0.75	0.038
用戶容量	0.097	0.75	0.072
誤碼率	0.112	0.75	0.084
系統級效能評估值			0.684

第十一步，導向系統級效能評估值是將所有二級指標效能權重值相加之後，通過將評估所得效能值和專家團隊對主要功能判斷得到的效能上閾值和下閾值進行比較來確定的效能水準。為了確定效能水準上閾值（EUT），將時間服務功能、配套功能以及通信功能的模糊語義尺度設定在「好」和「非常好」之間，並且將導航和定位功能的性能偏差設定為 0.10。為了確定效能水準下閾值（ELT），將時間服務功能、配套功能以及通信功能的模糊語義尺度設定在「好」和「非常好」之間，並且將導航和定位功能的性能偏差設定為 0.29，最終得到效能水準上閾值為 0.921，下閾值為 0.684。

通過測試導向系統級效能評估值、效能水準上閾值和下閾值可知，當 $ELT = 0.643 < 0.684 < 0.921 = EUT$，測試導向系統應該保持繼續運行，而且應該採取保護措施來提高效能水準。進一步計算效能水準值和子系統的效能評估，在二級指標體系的基礎上決定是否進行計劃系統升級和改進。

4.3.2 有效驗證

測試模型有效性的重要性是眾所周知的。對模型有效性的研究有多種不同的方法和措施。先前的研究對擬採用的模型有效性的研究包括四個方面：第一，進行對比分析，將擬採用的模型得到的結果和傳統評估模型進行對比。第二，對兩兩比較矩陣和整個模型進行一致性比率計算。第三，對過去的測試數據進行分析和解釋。通過利用該模型和測試系統過去的數據，確定是否對測試系統和子系統進行維修。第四，對不同專家團隊給出

的判斷結果進行核查。將運用傳統評估模型獲得的結果進行對比：對一致性比率進行分析、對測試系統過去的數據進行統計分析、對不同專家團隊利用模型得到的結果進行相似性分析。

選擇包括武器系統效能工業諮詢法（WSEIAC）、神經網絡評價方法（NN）及多屬性決策方法（TOPSIS）三種傳統常用的評估方法與本章提出的模型進行對比。

結合十個測試系統的歷史運行數據，運用三種傳統的評估方法和此處擬採用的模型獲得四組結果集合如表4.18所示。圖4.10展示了三種傳統方法得到的結果和擬採用模型得到的結果的不同。從圖中可以看出，運用WSEIAC和TOPSIS方法得到的結果分別處於較高和較低的狀態水準。運用NN得到的結果比較接近擬採用模型。但是，在歷史操作過程中有兩個事實故障發生，其中第一個幾乎失效，第二個有一個子系統發生過嚴重的故障。很明顯，相較於三種傳統方法，通過子系統級效能評估方法得到的效能結果更加貼近歷史數據反應的實際運行情況。這說明擬採用模型從全局性能角度來評估健康狀態時具有更好的精確度，能夠滿足集成系統健康管理框架下子系統級效能評估的要求。

表 4.18　　　　　　　十個測試系統健康狀態對比

測試系統編號	最後狀態良好時間	測試開始	測試結束	發生偏差時間	WSEIAC	NN	擬採用模型	TOPSIS
1	2011-07-26	2011-08-02	2011-09-03	2011-08-16	0.312	0.223	0.284	0.463
2	2011-08-16	2011-08-23	2011-09-23	2011-09-10	0.361	0.288	0.413	0.519
3	2012-03-14	2012-03-21	2012-04-20	–	0.439	0.336	0.513	0.547
4	2011-02-03	2011-02-10	2011-03-10	–	0.486	0.402	0.541	0.618
5	2012-06-22	2012-07-02	2012-08-05	–	0.534	0.465	0.604	0.679
6	2010-11-20	2011-12-29	2012-01-30	–	0.615	0.559	0.633	0.767
7	2011-04-19	2011-04-27	2011-05-26	–	0.689	0.615	0.676	0.783
8	2012-09-17	2012-09-25	2012-10-24	–	0.728	0.669	0.714	0.834
9	2011-12-05	2011-12-14	2012-01-14	–	0.936	0.867	0.843	0.946
10	2012-10-25	2012-11-04	2012-12-03	–	0.964	0.935	0.928	0.973

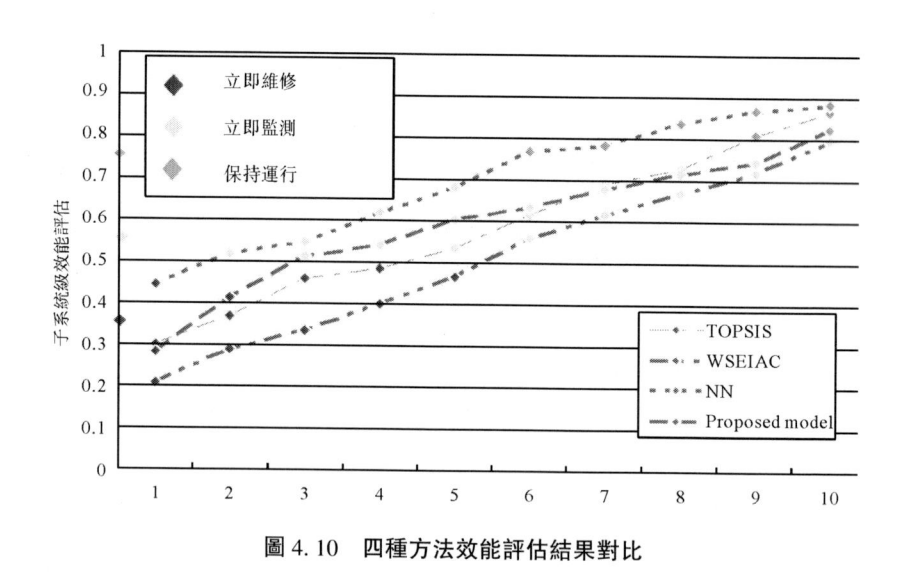

圖 4.10　四種方法效能評估結果對比

突發失效和不符合模糊判斷一致性的情況是擬採用模型得到錯誤決策的主要原因。在目前的技術水準下，應對突發失效非常困難[226]。集成系統健康管理的子系統級效能評估模型比較適用於磨損失效的失效機制。

4.4　本章小結

航天器推進系統電子系統的功能非常特殊，因此保證其絕對的安全和可靠以避免任務的失敗是至關重要的。電子系統的健康狀態和綜合效能對航天器的安全飛行和任務的成功具有直接的影響。衡量安全狀態是一個複雜過程，其包括系統級的子系統的評估。另外，電子系統集成效能評估涉及眾多的指標，有些指標能夠精確量化，有些指標由於環境的複雜性和不確定性而無法精確量化。因此，本章的出發點有兩個：一是關注集成系統健康管理框架下進行效能評估的必要性；二是考慮指標之間的相互關聯性，以確保評估結果的合理性。本章通過一個數值算例的研究，證明了將系統級狀態評估方法和子系統級效能評估方法相結合進行綜合效能評估的

可行性。利用子系統級效能評估的評估技術，考慮了指標之間的相互關聯性。系統級狀態評估方法用來確定指標體系中指標的重要程度和狀態水準值。除此之外，將模糊數引入綜合效能評估方法中，以確定成對比較矩陣中的不確定因素，進而構建了一個精確的子系統效能評估模型，為決策者提供強有力的決策支持。基於集成系統健康管理的效能評估方法的精確性表明其可以運用於電子系統健康狀態評估和子系統的效能評估問題，同樣也可以運用於複雜的機電一體化系統，這一點在算例中已體現出來。在未來研究中，該模型還可以經過輕度修改來滿足多變任務對電子系統功能模塊的要求。未來的研究可能還試圖考慮改進擬採用模型的準確性和魯棒性，以確保其可調適的一致性。

5 軟件系統可靠性預測

軟件系統可靠性的預測能夠減少成本，提高軟件開發過程的效率。本章定義了一種新的軟件系統可靠性，並給出了新的可靠性概念，重點關注的是集成系統健康管理的軟件系統的全生命週期可靠性。將自適應遺傳算法與支持向量機結合起來，建立了一種自適應遺傳算法-支持向量機相結合的可靠性預測模型，目的是克服遺傳算法的某些缺點，如局部極小和過早收斂問題的薄弱環節，解決支持向量機在參數選擇上遇到的困難。通過算例來說明所提出的自適應遺傳算法-支持向量機模型方法在標準支持向量機和人工神經網絡對比方面具有更好的預測性能。

5.1 問題描述

隨著航天事業的發展，航天器扮演著更重要的角色[230]。但是，人類的夢想是通過載人和無人航天器到國際空間站、月球、火星去探索，而這一過程或將需要更長的任務時間，同時航天器組合部件的複雜性也更高，因此，這一過程的風險也更大[229]。為了確保航天器按計劃運行，對於航天器的每一個元素以及裝配飛行器過程，必須模擬空間條件在地面上進行測試[205,218,234]。全生命週期監測系統專注於早期的設計、操作和一般飛船的維護[222]。

5.1.1　背景分析

　　由於軟件系統有著關鍵的功能且面臨複雜的操作環境，軟件系統是否可靠與航天任務能否成功直接相關。軟件系統可靠性是衡量系統可靠性的一個關鍵指標[159]。雖然目前軟件系統的可靠性已經受到廣泛關注，但是由於軟件系統異常所造成的航天災難仍時有發生。1963 年，美國金星探測計劃失敗的罪魁禍首是 FORTRAN 語言程序的標點符號出錯；1996 年，由歐洲航天局開發的阿麗亞娜 501 軟件故障引起火箭發射後 40 秒爆炸，造成數十億美元的經濟損失。1999 年，軟件故障造成 NASA 火星極地著陸器崩潰。因此，在航天器系統中，任何一個小的軟件錯誤可能會導致整個任務的失敗，不僅造成經濟損失，而且也可能造成相關生命的損失。為了安全以及維護載人航天器，特別是航天器推進系統軟件系統的可靠性，引入全生命週期的集成系統健康管理系統十分必要[106]。

　　一般來說，集成系統健康管理包括現場監測、狀態評估、故障診斷，預測和適當的決策，所以集成系統健康管理比傳統的預測與健康管理更全面。健康管理已經成為實現高效的系統維修和降低生命週期成本的關鍵。健康管理涉及系統維修和運行條件下的設備狀態評估。集成系統健康管理是一個方法框架，其允許系統的可靠性在其實際的生命週期的條件下進行評估，以確定故障的出現、降低系統的安全風險。它先監測產品或系統的健康狀況，然後通過估計可靠性，從健康和使用條件兩個方面來分析狀態評估偏差[216]。軟件系統的生命週期包括早期的設計、運行和維護三個階段。

　　隨著軟件規模的擴大和複雜性的增加，軟件開發已經轉向模塊化設計[123]。這一設計通過生命週期集成系統健康管理監視軟件系統已經實現。本章討論的全生命週期集成系統健康管理主要關注軟件系統早期設計階段的可靠性預測。由於航天器推進系統軟件系統的可靠性具有質量特性，因

而能夠量化航天器軟件系統。然而，軟件可靠性一般隨時間變化而改變。由於故障數量的增長，軟件可靠性也發生變化，因而預測軟件可靠性是非常困難的。因此設計有效的全生命週期預測技術是一項非常重要的研究，特別是對集成系統健康管理的核心預測[230]。

許多研究人員已經關注了軟件的可靠性。Pietrantuono，Russo 和 Trivedi 提出了以軟件的可靠性和測試的時間分配為依據的基礎方法[184]。Huang 和 Lin 通過軟件可靠性建模分析測試壓縮因素和故障失敗的關係[124]。Amin，Grunske 和 Colman 提出了一種基於時間序列模型的軟件可靠性預測方法[51]。Garg，Lai 和 Huang 關注何時結束對軟件系統的可靠性測試[112]。其他研究人員主要針對軟件系統可靠性展開了研究。Wang 從評估和發布時間研究了航天器軟件系統的設計和性能測試[182]。然而，很少有研究通過關注全生命週期集成系統健康管理來驗證軟件系統的可靠性。軟件系統的結構複雜，故障的相關數據信息量巨大，具有隨機性和易變化性，而通常的管理方法都存在著不同程度的局限性，因此單一的方法難以解決軟件系統的可靠性問題。這裡將自適應遺傳算法[78,172]與支持向量機[87,140,203]結合用於構建 AGA-SVM 預測模型。AGA-SVM 試圖克服 GA 的弱點，如局部最小值和過早收斂的問題，並解決了 SVM 的不足之處，如參數選擇困難等。

軟件系統是由眾多命令程序和子系統構成的複雜系統，其可靠性除了受到設計生產階段的因素影響外，還受到其複雜運行環境的影響。軟件系統的高度的結構複雜性和不確定的運行環境在故障因子和故障機理方面充分體現出來。高度複雜的系統特徵使得軟件可靠性的研究需要多種學科知識的支撐，對集成手段的要求也較高。因此，面對這些特徵要求，軟件可靠性研究顯得更為迫切、更有挑戰。構架完整的可靠性評估框架，提高軟件系統的可靠性，對於航天器系統健康管理工作意義重大。

5.1.2 失效機理

航天器推進系統軟件系統的內在結構高度複雜，任務環境多樣且具有不確定性，因而對其可靠性的研究難度較大。在進行軟件可靠性預測之前，首先對軟件的失效機理進行梳理。軟件的失效機理因軟件的複雜程度和運行環境的不同而不同，且不同軟件的失效機理差異較明顯。具體而言，有些軟件因其自身結構和運行環境都較簡單，其失效過程也相對簡單，相關失效數據和信息收集難度較小；相對而言，也有失效過程較為複雜的，以至於失效數據和數據收集難度較大。有關失效機理的概念如下：

（1）人為錯誤。它是指在全壽命週期內的軟件發生難以更改的錯誤或無法彌補的漏洞，致使軟件系統整體出現漏洞。由外因所致的人為錯誤應當在開發過程中盡量減少。一般情況下，能夠通過反覆核查進行糾正，然而在特殊情況下，軟件結構較複雜，人為錯誤就會被忽略而存在於軟件中。

（2）軟件缺陷。它是指影響有機整體功能實現的缺點。軟件缺陷也是指在特定運行環境下，軟件因固有缺點被制約或者超過某種閾值而使軟件出現故障的情況。其主要是由人為錯誤所致，如多個或者一個程序代碼證紅的標點符號。軟件缺陷本身是靜態的，存在於軟件中，當軟件運行環境觸發到這種缺陷時，便會引起軟件故障的發生。

（3）軟件故障。它是指軟件沒有按照預先編輯的程序執行命令致使整個系統出現超出預料的非正常狀態。當軟件接收到某種命令，但其程序代碼中存在多或者少的語言，便會出現軟件故障，導致軟件失效。而且故障狀態隨著環境變化而變化，其直接原因是上述的軟件缺陷。

（4）軟件失效。它是指軟件無法按照界面命令執行相應行為，發生明顯偏差的狀態。該狀態相較於軟件故障是更加惡化的狀態。軟件故障是軟件失效的必要條件。軟件故障可能會導致軟件失效，也可能不會。但是軟

件失效必定是因軟件故障而發生的。軟件失效的症狀和後果主要表現為系統失去控制、決策者無法通過命令實現整機或部分功能。

正如圖 5.1 所示，通常情況下，軟件的失效機理是由人為失誤導致的。軟件錯誤為源因子，引發單個或多個軟件缺陷。與此同時，在特定的運行環境中，若缺陷被觸發，則產生軟件故障。若故障沒有得到迅速合理的排除，勢必急速惡化為軟件失效。

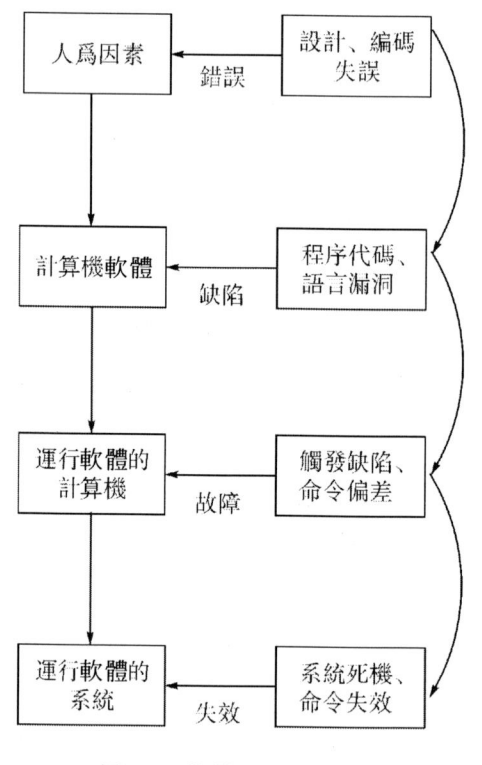

圖 5.1　**軟體**系統失效機理

5.1.3　可靠概念

20 世紀 30 年代，美國研究人員首次使用可靠性概念來評價飛機事故率。就可靠性概念本身而言，其指系統在規定的條件框架和時間範圍內實現功能的能力。在該概念中，可靠性被定義為一種能力，而非性能。能力

在特定條件下能夠通過特定方式提高，但是性能是系統內在的、已經定格的，是難以改變的。

20世紀50年代，研究人員將數理統計知識運用到可靠性的定量分析中，奠定了可靠性科學研究的基礎。但是在當時對於可靠性的研究已經取得了顯著的進步，且已經開始關注複雜系統的可靠性問題。就軟件而言，可靠性是衡量其質量的最關鍵要素。它是軟件質量最重要的特性之一，直接關係到計算機系統乃至更大的系統能否在給定時間內完成指定任務。不可靠的軟件引發的失效給軟件的擁有者、使用者或者軟件開發人員帶來的後果可能是災難性的。

5.2　技術框架

航天器推進系統軟件系統的可靠性預測是航天系統健康管理框架的重要一環，在複雜的內外環境下，能夠合理地進行失效數據融合。選擇科學的可靠性預測方法，得到準確的可靠性數據及相關的變化趨勢，為航天器系統健康管理決策者做出科學決策提供有力支持，從而化解運行風險，減少損失。保障航天任務實現是航天軟件可靠性工程的基本目標。具體而言，即根據推進系統軟件系統的失效機理和可靠性概念及特徵，對可靠性的評估指標進行分析和選擇，通過相關的預測方法和相應的評估流程，實現對軟件系統的可靠性評估。

5.2.1　指標選擇

就航天器推進系統軟件系統這種複雜的系統而言，有諸多因素可以體現其可靠性，本書選擇具有代表性的指標，即平均故障間隔時間（MTBF）。其根據即時監測所得數據，進行分析處理，結合具體數據特徵，

選取相應預測方法，進而得到能夠反應平均故障間隔時間趨勢的預測結果。

目前，軟件可靠性的定量度量還不完善。軟件可靠性參數基本上採用與硬件可靠性度量指標相同的概念。目前，常用來表徵軟件可靠性指標參數的有以下幾種。

（1）可靠度。在規定的條件下，實現預定功能的概率即為軟件的可靠性 R。可靠度是指用概率數值來對軟件失效進行表達，其參數通常用於不允許失效的系統。

（2）失效強度、失效率。一般而言，失效率與失效強度會出現在可靠性相關的研究中，兩者有著緊密的聯繫，但概念確有差異。軟件在時刻 t 尚未失效，但是過了這個時刻之後發生失效的可能性即為軟件的失效率。失效數均值隨著時間的變化率為失效強度。

（3）平均故障前時間、平均故障間隔時間。從當前尚未發生故障時刻 t 到下次故障時間的平均值是平均故障前時間，表示為 MTTF；而存在於兩次相鄰故障之間的時間間隔平均值是平均故障間隔時間，表示為 MTBF。

5.2.2 預測流程

航天器推進系統軟件系統通常是非常複雜的，因為越來越多的功能必將引起飛船的安全性和可靠性變化，如圖 5.2 所示。軟件系統可靠性由星際功能和地面站功能兩者同步工作實現。星際功能包括導航計算、故障監控、指揮處理、航天器子系統的管理、綜合管理和通信有效載荷。地面站功能一般包括數據處理、數據壓縮和存儲、宇宙飛船遙測遙控、用戶界面、運行狀態的監測和維護。星際和地面系統要求高可靠性，尤其是星際軟件，它通常是一個嵌入式的即時系統。這種複雜性也使軟件開發成本顯著提高。考慮到這一點，為確保航天器的正常操作，並避免任務失敗，有必要關注早期設計階段軟件系統的可靠性。這意味著，要開發出高度可靠

的軟件系統，驗證技術是必要的。因此，除了測試以外的傳統技術，將自動驗證技術應用到推進系統軟件系統可靠性預測也起著關鍵作用[161]。

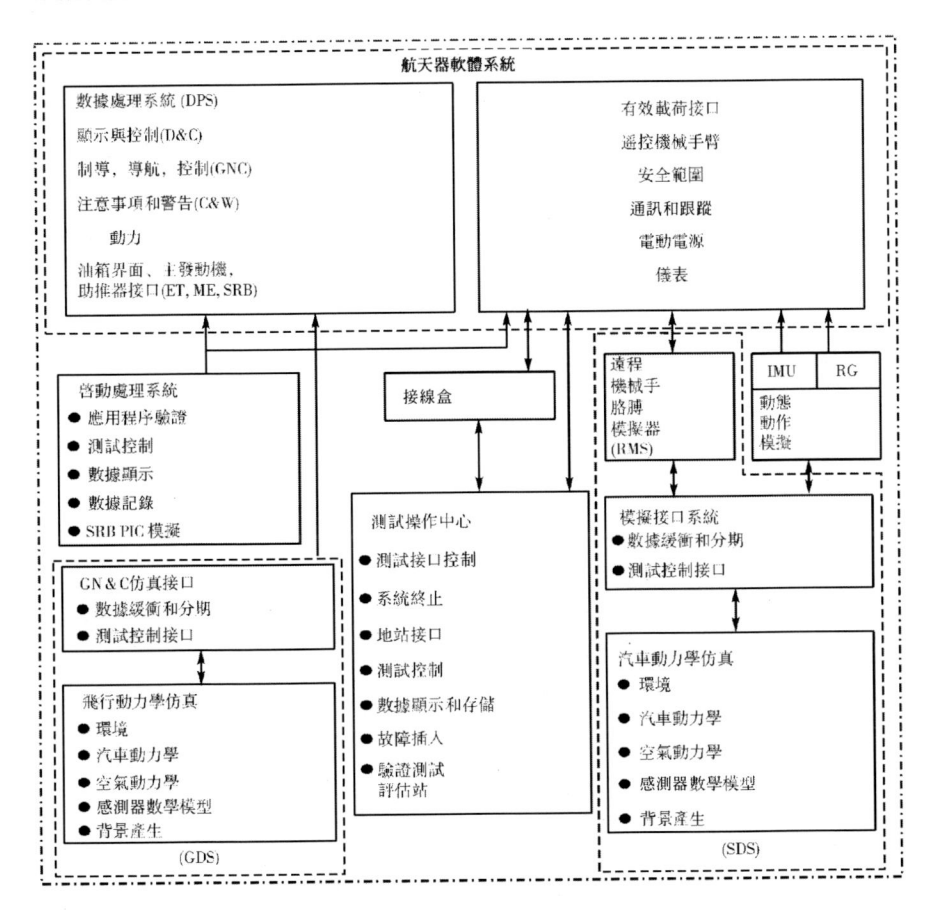

```
┌─────────────────────────────────────────────────────────────┐
│                      航天器軟體系統                           │
│  ┌─────────────────────────┐  ┌──────────────────────────┐  │
│  │ 數據處理系統 (DPS)        │  │ 有效載荷接口              │  │
│  │ 顯示與控制 (D&C)          │  │ 遙控機械手臂              │  │
│  │ 制導，導航，控制(GNC)     │  │ 安全範圍                  │  │
│  │ 注意事項和警告(C&W)       │  │ 通訊和跟蹤                │  │
│  │   動力                    │  │ 電動電源                  │  │
│  │ 油箱界面、主發動機、      │  │ 儀表                      │  │
│  │ 助推器接口(ET,ME,SRB)     │  │                          │  │
│  └─────────────────────────┘  └──────────────────────────┘  │
└─────────────────────────────────────────────────────────────┘
```

圖 5.2　航天器推進系統軟體系統

　　由於航天器推進系統軟件系統具有多個時間階段，並且具有結構複雜、參數量大等特點，導致其整個集成系統健康管理生命週期複雜，加上競爭失效機理和間歇性故障的存在而容易產生失敗[46,211]。航天器推進系統軟件系統生命週期集成系統健康管理流程如圖 5.3 所示。

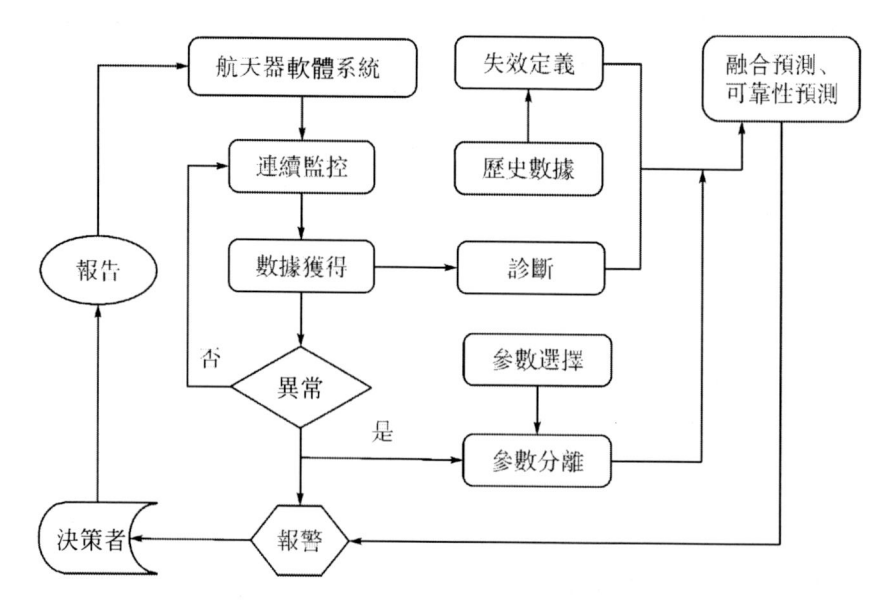

圖 5.3　軟體系統融合預測框架

如圖 5.3 所示，連續的健康監測過程提供了關於該系統的性能信息、環境和工作載荷。這些數據都是生命週期集成系統健康管理用於數據操作中所需的信息。將系統的性能數據與歷史數據進行比較診斷，分別對故障參數進行過濾，從而進行產品的損害評估。在此之後，進行參數選擇和隔離，以確定系統異常狀態的參數。用診斷方法評估可靠性，並最終根據剩餘壽命的概率分佈使用預測算法來預測失效。軟件系統可靠性被定義為在指定環境操作階段中無故障軟件的概率[170]。事實上，軟件系統的缺陷和故障有緊密聯繫。軟件系統可靠性通常隨時間而改變，這就使得故障空間失效時間可作為軟件系統可靠性驗證的例證。其結果是，在軟件系統投入運行之前，所提出的面向集成系統健康管理生命週期的軟件系統可靠性預測在早期設計階段發現故障並排除。軟件系統早期設計階段可靠性如圖 5.4 所示。

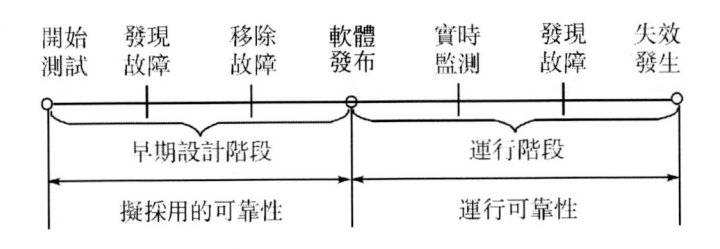

```
開始    發現    移除    軟體    實時    發現    失效
測試    故障    故障    發布    監測    故障    發生
 ○──────┴───────┴───────┴───────┴───────┴───────○
        早期設計階段              運行階段
 ←─────────────────→      ←─────────────────→
        擬採用的可靠性              運行可靠性
```

圖 5.4　航天器推進系統軟體系統可靠性

對於複雜的航天器推進系統軟件系統，智能化技術的應用有助於參數的優化和準確性的提高。在支持向量機的基礎上，應用統計學具有良好的推廣性，因為應用了結構風險最小化原則[89]，而不是傳統的經驗風險最小化原則。支持向量機的基本原理是將數據映射到更大的維特徵空間，其中一個線性迴歸是使用非線性映射，這在小樣本、高維、非線性預測區域將產生積極影響。然而，參數的選擇對於預測效果有顯著影響。考慮到自適應遺傳算法具有很強的全局優化能力，本書提出了基於支持向量機和自適應遺傳算法的融合預測模型。該模型綜合了兩種不同的理論，在應用中有效地結合了二者的優勢。

5.2.3　算法設計

傳統的遺傳算法在對複雜問題進行評估時具有較高的精確度和靈敏性。但是由於評估對象的特殊性，對航天器推進系統軟件系統進行集成系統健康管理框架下的可靠性評估要體現出及時性和動態性，因此，本書對遺傳算法的參數選擇環節進行改進，使其在進行參數選擇時能夠自動化，從而節省計算時間，提高航天器推進系統軟件系統的時效性。

對複雜系統診斷預測的求解，也有不少學者使用遺傳算法。遺傳算法（Genetic Algorithm，GA）是一類參照生物界進化規律（「適者生存，優勝劣汰」遺傳機制）演化而來的隨機化搜索方法。美國的 Holland 教授於 1975 年首次提出遺傳算法的相關概念。其主要特點是直接對結構對象進行

操作，不存在求導和函數連續性的限定，具有較好的全局搜索能力和內在的並行性。其尋優的過程，採用概率方法，不需要任何確定的尋優準則，能自動適應和調整優化的搜索方向。由於遺傳算法有這些優良的性質，因此它被廣泛地應用於智能機器學習、排列組合優化、無線電信號處理等領域。

遺傳算法針對模擬生物進化的全過程，抽象染色體間複製、交叉以及變異等過程和生物自然選擇現象，開始於一個初始種群，通過概率的方法，進行選擇、交叉和變異等操作，產生出更具適應能力的新個體。整個種群進化過程向更強適應環境的種群空間搜索，隨著種群多代的進化繁衍，最終收斂於最優的個體。該個體通過解碼，得到相關問題的最優解。

通過遺傳學與計算科學之間理論與實踐的互相交叉，創造出遺傳算法，因此遺傳算法採用了一些自然遺傳學中的術語，具體見圖5.5，而一般遺傳算法的步驟見圖5.6。

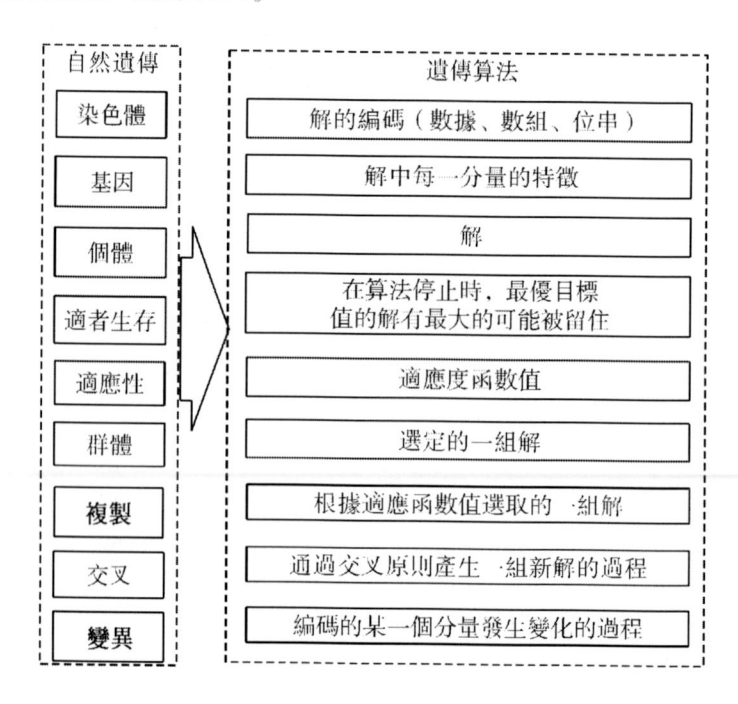

自然遺傳	遺傳算法
染色體	解的編碼（數據、數組、位串）
基因	解中每一分量的特徵
個體	解
適者生存	在算法停止時，最優目標值的解有最大的可能被留住
適應性	適應度函數值
群體	選定的一組解
複製	根據適應函數值選取的一組解
交叉	通過交叉原則產生一組新解的過程
變異	編碼的某一個分量發生變化的過程

圖5.5 遺傳算法的遺傳學根源

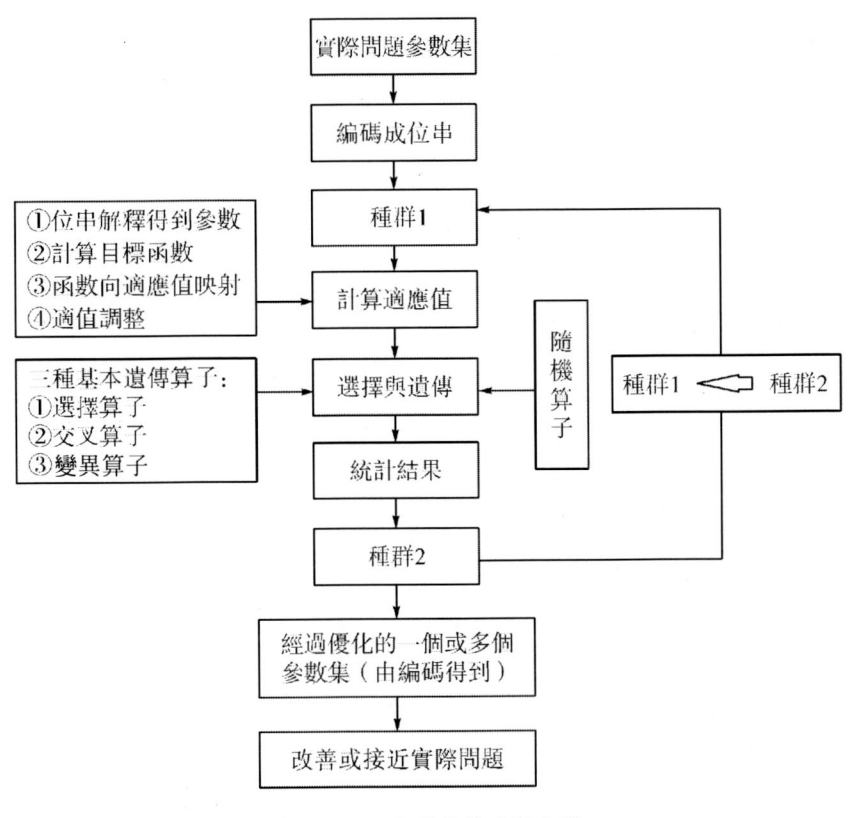

```
                    ┌──────────────┐
                    │ 實際問題參數集 │
                    └──────┬───────┘
                           ↓
                    ┌──────────────┐
                    │  編碼成位串   │
                    └──────┬───────┘
                           ↓
┌──────────────────┐ ┌──────────────┐
│①位串解釋得到參數 │ │    種群1     │←──────────────────────┐
│②計算目標函數     │→└──────┬───────┘                        │
│③函數向適應值映射 │        ↓                                │
│④適值調整         │ ┌──────────────┐                        │
└──────────────────┘ │  計算適應值   │                        │
                    └──────┬───────┘    ┌──────┐              │
┌──────────────────┐       ↓           │ 隨機 │              │
│三種基本遺傳算子： │ ┌──────────────┐  │ 算子 │   種群1 ⇐ 種群2
│①選擇算子         │→│  選擇與遺傳  │←─│      │              │
│②交叉算子         │ └──────┬───────┘  └──────┘              │
│③變異算子         │        ↓                                │
└──────────────────┘ ┌──────────────┐                        │
                    │   統計結果    │                        │
                    └──────┬───────┘                        │
                           ↓                                │
                    ┌──────────────┐                        │
                    │    種群2     │────────────────────────┘
                    └──────┬───────┘
                           ↓
                    ┌──────────────────┐
                    │ 經過優化的一個或多個│
                    │ 參數集（由編碼得到）│
                    └──────┬───────────┘
                           ↓
                    ┌──────────────────┐
                    │ 改善或接近實際問題 │
                    └──────────────────┘
```

圖 5.6　一般遺傳算法的步驟

（1）編碼：運用遺傳空間的基因型串結構數據編碼處於解空間的解數據。常用的編碼方式包括二進制編碼、實數編碼、字母或整數排列編碼以及一般數據結構編碼。

（2）產生初始種群：通過概率方式產生個基因型串結構數據，其中每一個基因型串結構數據成為初始個體，個基因型串結構數據組成初始種群。

（3）適應度值評價：運用適應度函數評測出每個個體適應環境的能力。

（4）選擇：對種群使用選擇算子。選擇的基本功能是通過一定方式從當前種群選擇優質的個體。常用的選擇算子方式包括輪盤賭選擇、選擇、穩態複製、競爭選擇、比例與排序變換等。

（5）交叉：對種群使用交叉算子。交叉的基本功能是通過種群中個體染色體的互換，產生了組合父輩特徵的新個體。

（6）變異：對種群使用變異算子。變異是通過染色體上基因位置的變換而得到的新的染色體，以防止整個進化過程的提早收斂。常選擇的變異方式包括非均勻變異、高斯變異和有向變異。

針對複雜系統的健康管理的複雜性、時效性等特徵，本書在傳統遺傳算法的基礎上，介紹自適應遺傳算法。其主要優點是在傳統遺傳算法的基礎上，對計算環節進行優化與改進，具體改進步驟如下：

遺傳算法的主要不足是需要不斷優化控制參數，而整個過程花費較長時間。建立自適應遺傳算法可以在解決問題時實現選擇控制參數的動態自動調整。這裡介紹通過模糊邏輯控制器來實現控制參數選擇的動態調整。該方法的兩種主要方案就是運用兩個模糊邏輯控制器——交叉模糊邏輯控制器和變異模糊邏輯控制器。

這兩個模糊邏輯控制器獨立實施在遺傳搜索過程，自適應調節交叉和變異算的概率。例如，在最小化問題中，我們可以設置平均適應度函數在 t 代改變。$\Delta f_{avg}(t)$ 具體如下所示：

$$\Delta f_{avg}(t) = \overline{f}_{popSize}(t) - \overline{f}_{popSize}(t)$$

$$= \frac{1}{popSize}\sum_{k=1}^{popSize} f_k(t) - \frac{1}{offSize}\sum_{k=1}^{offSize} f_k(t) \quad (5.1)$$

其中，$popSize$ 和 $offSize$ 分別表示親代和子代人口規模要滿足的約束條件。

$\Delta f_{avg}(t-1)$ 和 $\Delta f_{avg}(t)$ 通常用來調節 p_c 和 p_M，如圖 5.7 所示。ε 和 $-\varepsilon$ 的值是接近 0 的實數〔這裡設定 $\varepsilon = 0.1$，$-\varepsilon = (-0.1)$〕。γ 和 $-\gamma$ 的值分別為模糊隸屬度函數的最大值和最小值〔這裡設定 $\gamma = 1.0$，$-\gamma = (-1.0)$〕，如圖 5.8 所示。所有的輸入和輸出的變量都以模糊數的隸屬度函數的形式表示出來。$\Delta f_{avg}(t-1)$ 和 $\Delta f_{avg}(t)$ 的輸入輸出值所得到的離散結果如表 5.1 所示。

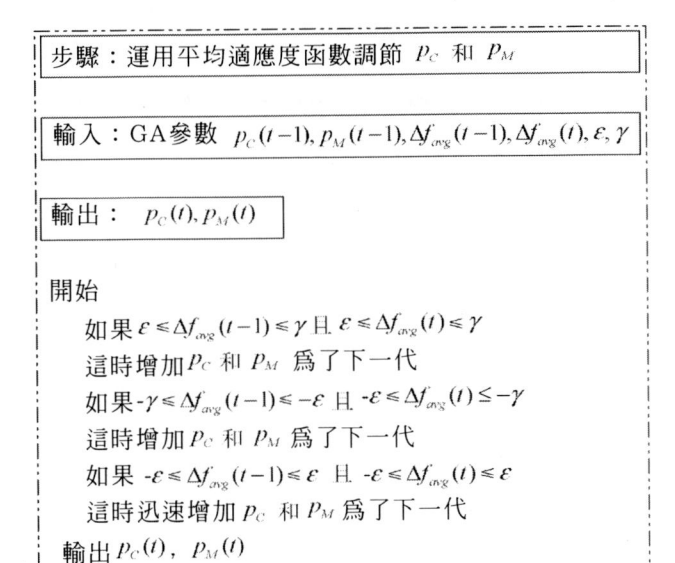

```
步驟：運用平均適應度函數調節 $p_C$ 和 $p_M$

輸入：GA參數 $p_C(t-1), p_M(t-1), \Delta f_{avg}(t-1), \Delta f_{avg}(t), \varepsilon, \gamma$

輸出： $p_C(t), p_M(t)$

開始
    如果 $\varepsilon \leq \Delta f_{avg}(t-1) \leq \gamma$ 且 $\varepsilon \leq \Delta f_{avg}(t) \leq \gamma$
    這時增加 $p_C$ 和 $p_M$ 為了下一代
    如果 $-\gamma \leq \Delta f_{avg}(t-1) \leq -\varepsilon$ 且 $-\varepsilon \leq \Delta f_{avg}(t) \leq -\gamma$
    這時增加 $p_C$ 和 $p_M$ 為了下一代
    如果 $-\varepsilon \leq \Delta f_{avg}(t-1) \leq \varepsilon$ 且 $-\varepsilon \leq \Delta f_{avg}(t) \leq \varepsilon$
    這時迅速增加 $p_C$ 和 $p_M$ 為了下一代
輸出 $p_C(t), p_M(t)$
結束
```

圖 5.7　運用平均適應度函數調節交叉和變異率

$\Delta f_{avg}(t-1)$ 和 $\Delta f_{avg}(t)$ 的隸屬度函數

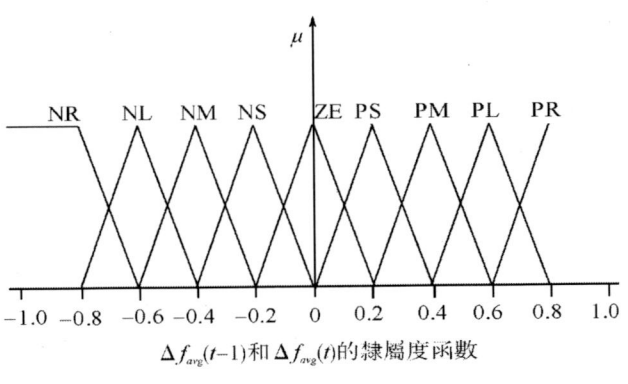

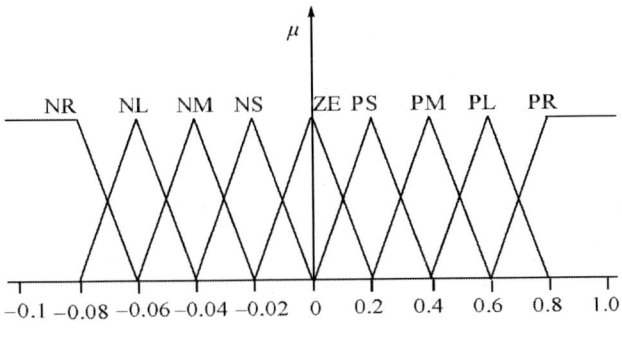

$\Delta c(t)$ 的隸屬度函數

圖 5.8　輸入輸出模糊邏輯控制變量隸屬度函數

圖 5.8 中：

NR 表示更大負值

Nl 表示較大負值

NM 表示中等負值

NS 表示較小負值

ZE 表示零值

PS 表示較小正值

PM 表示中等正值

PL 表示較大正值

PR 表示更大正值。

表 5.1　　　　　　　　　　離散輸入值與輸出值

輸入值	輸出值
$X \leq -0.7$	-4
$-0.7 < X \leq -0.5$	-3
$-0.5 < X \leq -0.3$	-2
$-0.3 < X \leq -0.1$	-1
$-0.1 < X \leq 0.1$	0
$0.1 < X \leq 0.3$	1
$0.3 < X \leq 0.5$	2
$0.5 < X \leq 0.7$	3
$X > 7$	4

將 $\Delta f_{avg}(t-1)$ 和 $\Delta f_{avg}(t-1)$ 標準化在範圍 [-1.0, 1.0] 內。根據 $\Delta c(t)$ 對應的最大值，將其標準化在 [-0.1, 0.1] 的範圍內。在對 $\Delta f_{avg}(t-1)$ 和 $\Delta f_{avg}(t)$ 進行標準化處理後，將其值分配到指標 i 和 j，其相應的處理數據如表 5.2 所示。

表 5.2　　　　　　　　　　標準化處理數據

Z(i,j)		i								
		-4	-3	-2	-1	0	1	2	3	4
j	-4	-4	-3	-3	-2	-2	-1	-1	0	0
	-3	-3	-3	-2	-2	-1	-1	0	0	1
	-2	-3	-2	-2	-1	-1	0	0	1	1
	-1	-2	-2	-1	-1	0	0	1	1	2
	0	-2	-1	-1	0	0	1	1	2	2
	1	-1	-1	0	0	1	1	2	2	3
	2	-1	0	0	1	1	2	2	3	3
	3	0	0	1	1	2	2	3	3	4
	4	0	1	1	2	2	3	3	4	4

交叉率 $\Delta c(t)$ 和變異率 $\Delta m(t)$ 的變化可通過下式計算得到：

$$\Delta c(t) = \alpha \times Z(i,j)$$

$$\Delta m(t) = \beta \times Z(i,j)$$

其中，$Z(i,j)$ 包括 $\Delta f_{avg}(t-1)$ 和 $\Delta f_{avg}(t)$ 去模糊化對應的值。

α 和 β 的值是給定的用來調節交叉率和變異率增加或降低範圍的值，通常在之前的研究中確定。

為了在研究空間中增加開發和搜索的平衡，隨機在 [0.01, 0.03] 和 [0.001, 0.003] 範圍內分配 α 和 β 的值，分別在每一代 t。最終，交叉率和變異率的改變通過下式進行更新：

$$p_C(t) = \Delta c(t) + p_C(t-1), \quad p_M(t) = \Delta m(t) + p_M(t-1)$$

此處，調整後的概率不應超過 0.5~1.0，因為 $p_C(t)$ 和 $p_M(t)$ 的範圍是從 0.0~0.1。

5.2.4　建立模型

軟件可靠性定量評估的一般方法是根據測試過程收集的失效數據，分析其規律。軟件工程領域的複雜性和軟件生產過程的多樣性使軟件可靠性

模型更加多樣化。

　　本節使用合方法是對支持向量機和自適應遺傳算法的融合。自適應遺傳算法與支持向量機結合了各自優點，具體如下：首先，通過累積操作將原始序列轉化成一個新的數據序列，使用支持向量機對所產生的數據序列建立預測模型；其次，使用自適應遺傳算法選擇預測模型的最佳參數；最後，利用逆累積代預測結果來確定預測值。模型的過程如圖 5.9 所示。自適應遺傳算法通過全局自動優化能力找到最佳的參數以及用於支持向量機核函數的最優參數。所有這些都使計算更容易，節省了預測時間。

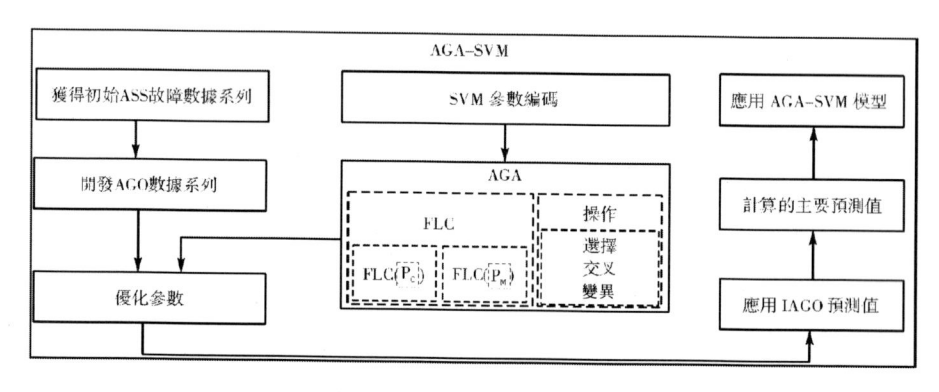

圖 5.9　AGA-SVM 建模流程圖

　　（1）航天器推進系統軟件系統的故障初始數據預處理。初始收集的軟件系統故障數據表示為 $R^{(0)}$，$R^{(0)} = \{r^{(0)}(1), r^{(0)}(2), \cdots, r^{(0)}(n)\}$，式中 $r^{(0)}(i) > 0$（$i = 1, 2, \cdots, n$）定義為第 i 個故障的值。從最初的數據序列中的常規累積，這樣就產生一個數據序列 $R^{(1)} = \{r^{(1)}(1), r^{(1)}(2), \cdots, r^{(1)}(n)\}$，$r^{(1)}(k) = \sum_{i=1}^{k} r^{(0)}(i)$，$i = 1, 2, \cdots, n$，$k = 1, 2, \cdots, n$。新的數據序列作為自適應遺傳算法的學習樣本。

　　軟件系統的複雜性以及每個模塊或組件之間的複雜關係導致故障數據的隨機和無序。因此，累計產生的操作採用原來的無序數據，以便找到隱藏的內部關係。為了實現目的，需要使用生成的數據建立 AGA-SVM 預測模型。

（2）選擇預測模型的核函數。不同的內核功能和參數對支持向量機預測模型性能有很大的影響。在一定程度上，選擇適當的核函數，可以相對容易地消除不平衡樣品引起的不利影響。常用的內核函數有多項式內核函數、徑向基函數（RBF）的內核函數。每個不同的核函數確定不同的非線性變換和特徵空間，這些具有不同的分類效果。常見的內核功能有如下幾種：

① 內積核函數，$k(r_i, r) = (r_i \cdot r)$；

② 多項式核函數，$k(r_i, r) = [(r_i \cdot r) + 1]^q$；

③ 徑向基核函數，$k(r_i, r) = \exp\{-|r_i - r|^2/2\sigma^2\}$；

④ 多層感知機核函數，$k(r_i, r) = \tanh[a(r \cdot r_i) + b]$。

在對比分析不同的內核功能、考慮航天器軟件複雜性以及來自傳感器的大量數據後，選取徑向基函數（RBF）的內核函數來支撐支持向量機的預測模型，因為它具有很強的非線性預測能力，可以實現更好的預測結果。參數 σ 在下面的步驟確定。

（3）使用自適應遺傳算法選取參數。支持向量機的參數選取是很重要的，因為這些參數對支持向量機性能有顯著影響，如核函數參數 σ、調整參數 C 和迴歸逼近誤差控制參數 ε。許多研究人員都十分關注支持向量機的參數選取。Cherkassky 和 Ma 提出的計算表達式中 C 和 ε 為參數選擇問題提供了有效的解決方法[87]。Cristianini 等使用內核校準方法來快速確定內核參數，但是並沒有涉及參數 C 和 ε 的選取[92]。Keerthi 和 Lin 發現內核參數和 C 之間的函數關係，並將一個二維優化問題轉換為兩個一維優化問題[140]。

遺傳算法也常用於選取最優參數。遺傳算法的一個主要問題就是找到最優控制參數值，因此，在運行的過程中出現的不同值是必要的。由於航天器推進系統軟件系統的複雜性，使用遺傳算法的主要弱點表現為效率低、耗時長。這些弱點導致航天器推進系統軟件系統健康管理時間成本相

對較高，而自適應遺傳算法能夠使得所選擇的控制參數可以對一個問題的解決方案在進化過程中進行動態調整。Neungmatcha 等（2015）描述了使用兩個模糊邏輯控制的方案，分別為交叉模糊邏輯控制和突變模糊邏輯控制[172]。這兩個模糊邏輯控制獨立地實施於遺傳搜索過程中，以自適應調節交叉和變異操作者的速率。這裡的適應度評價函數定義為

$$\frac{1}{n}\sum_{i=1}^{n}\left|\frac{R-\hat{R}}{t}\right|$$

式中，R，$\hat{R}$ 表示初始值和預測值。

（4）$R^{(1)} = \{r^{(1)}(1), r^{(1)}(2), \cdots, r^{(1)}(n)\}$ 是給定的所產生的數據系列，其中 r_t 通過映射 $f: D^m \to D, r_{t+1} = f[r_t, r_{t-1}, \cdots, r_{t-(m-1)}]$ 用於預測 r_{t+1}，m 是嵌入式維度，即模型階。所以，預測學習樣本可以通過轉化後獲得。最終的預測誤差（FPE）被用來評估該模型的誤差和選擇的 m 值。

$$FPE(m) = \frac{d+m}{d-m}\sigma_a^2 \tag{5.2}$$

$$\sigma_a^2 = E(a_d) = \frac{1}{d-m}\sum_{t=m+1}^{r}\left[d_t - \sum_{i=1}^{d-m}(\alpha_i - \alpha_i^*)K(r_i, r_t) + b\right]^2$$

d 是訓練樣本的數目，α 和 α^* 是拉格朗日乘數，K 是內積函數。在確定支持向量機預測的拓撲結構後，根據支持向量機學習樣本的用途來進行培訓，導出 α、α^* 和 b 的值，由此得到迴歸函數。

$$f(r) = \sum_{SV}(\alpha_i - \alpha_i^*)K(r_i, r) + b \tag{5.3}$$

式中，$t = m+1, \cdots, d$。將 α、α^* 和 b 的值代入公式（5.3）中，最終確定迴歸函數。

（5）計算預測值。將數據系列 $R^{(1)}$ 代入上述預測模型中得到 $\hat{R}^{(1)}$。

$$\hat{r}_{d+1} = \sum_{i=1}^{d-m}(\alpha_i - \alpha_i^*)K(r_i, r_{d-m+l}) + b \tag{5.4}$$

式中，$r_{d-m+l} = \{r_{d-m+l}, \cdots, \hat{r}_{d+1}, \cdots, \hat{r}_{d+l-1}\}$。$\hat{R}^{(1)}$ 在公式（5.4）中的數據系列 $\hat{R}^{(1)}$ 就是累積產生數據系列 $R^{(1)}$ 的預測值。逆向累積產生從 $\hat{R}^{(1)}$

開始。預測模型中的原始數據序列 $R^{(0)}$ 的獲得過程如下：

$$\hat{R}^{(0)}(k+1) = \hat{r}^{(1)}(k+1) - \hat{r}^{(1)}(k) \qquad k = n+1, n+2, \cdots \qquad (5.5)$$

式中，$\hat{R}^{(0)}$ 是 $R^{(0)}$ 的預測值。

5.3 應用分析

這裡，給出一個算例來說明所提出的 AGA-SVM 模型的預測性能。正如前文所述，平均失效間隔時間與缺陷和故障緊密相關，航天器推進系統軟件系統的可靠性隨時間而變化。因此，將航天器推進系統軟件系統平均失效間隔時間作為預測樣本，如表 5.3 和圖 5.10 所示。表 5.3 中數據包含了觀測到的 100 個航天器推進系統軟件系統的時間序列（t, FPT_t）。FST_t 數據被分成兩個訓練集，通過計算，30 個 FST_t 值如表 5.4 和圖 5.11 所示。

表 5.3　　　　　　　100 FST 歷史數據　　　　　　單位：秒

t	FST_t	t	FST_t	t	FST_t	t	FST_t	t	FST_t
1	8.63	18	9.38	35	9.49	52	12.61	69	12.28	86	11.38
2	9.15	19	8.61	36	8.13	53	7.16	70	11.96	87	12.21
3	7.96	20	8.78	37	8.68	54	10.01	71	12.02	88	12.28
4	8.64	21	8.04	38	6.46	55	9.86	72	9.30	89	11.37
5	9.98	22	10.91	39	8.01	56	7.87	73	12.50	90	11.41
6	10.19	23	7.56	40	4.71	57	8.64	74	14.56	91	14.42
7	11.76	24	11.04	41	10.01	58	10.58	75	13.33	92	8.34
8	11.67	25	10.12	42	11.02	59	10.93	76	8.95	93	8.08
9	6.94	26	10.18	43	10.87	60	10.67	77	14.78	94	12.21
10	7.49	27	5.92	44	9.48	61	12.51	78	14.89	95	12.79
11	10.63	28	9.50	45	11.03	62	11.37	79	12.14	96	13.16
12	7.86	29	9.62	46	10.86	63	11.92	80	9.79	97	12.76
13	8.69	30	10.43	47	9.48	64	9.58	81	12.11	98	10.36
14	9.29	31	10.64	48	6.67	65	10.46	82	13.12	99	13.85

表5.3(續)

t	FST_t	t	FST_t	t	FST_t	t	FST_t	t	FST_t
15	8.35	32	8.34	49	9.31	66	12.73	83	12.30
16	9.11	33	10.39	50	10.36	67	12.61	84	12.72
17	9.61	34	11.32	51	10.11	68	12.10	85	14.21

表5.3(續) shows also t=100, FST=12.49 in last row pos.

表5.4 驗證組樣本　　　　單位：秒

	1	2	3	4	5	6	7	8	9	10
FST_t	12.02	9.30	12.50	14.56	13.33	8.95	14.78	14.89	12.14	9.79
t	11	12	13	14	15	16	17	18	19	20
FST_t	12.11	13.12	12.30	12.72	14.21	11.38	12.21	12.28	11.37	11.41
t	21	22	23	24	25	26	27	28	29	30
FST_t	14.42	8.34	8.08	12.21	12.79	13.16	12.76	10.36	13.85	12.49

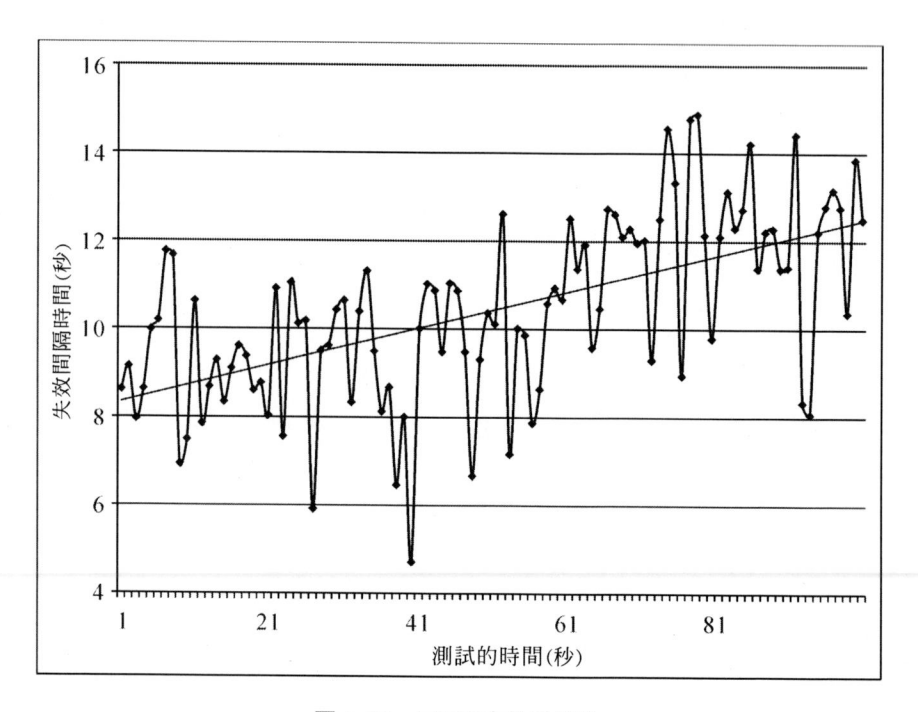

圖 5.10　FST 歷史數據趨勢

图 5.11 验证集合样本数据趋势

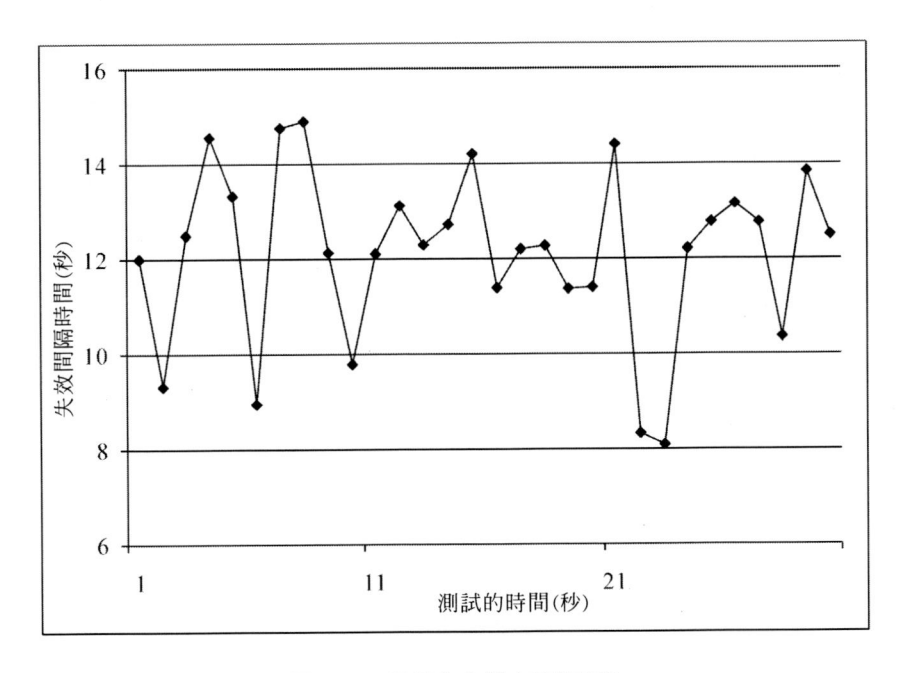

5.3.1 预测结果

在模型中，将 100 个历史数据值分成两部分：70 个数据作为训练集，30 个数据作为验证集。自适应遗传算法用来计算交叉概率 $p_c = 0.6$，变异概率 $p_m = 0.2$，遗传代数的最大数目 $\max Gen = 1,000$。另外，根据前文提到的适应度函数：

$$\frac{1}{n}\sum_{i=1}^{n}\left|\frac{R-\hat{R}}{t}\right|$$

在运行自适应遗传算法后，适应度函数有明显的收敛，如图 5.12 所示，取每一代的最佳适应值作为纵轴，迭代作为水准轴。因此，选取的最优参数 $\sigma = 0.66$，$\varepsilon = 0.000,1$，$C = 1,000.26$。在原有历史数据最优长度选取后，用预测误差方法进行预测并使用 AGA-SVM 自适应增加或减少方法更新原始历史数据，以实现动态预测。

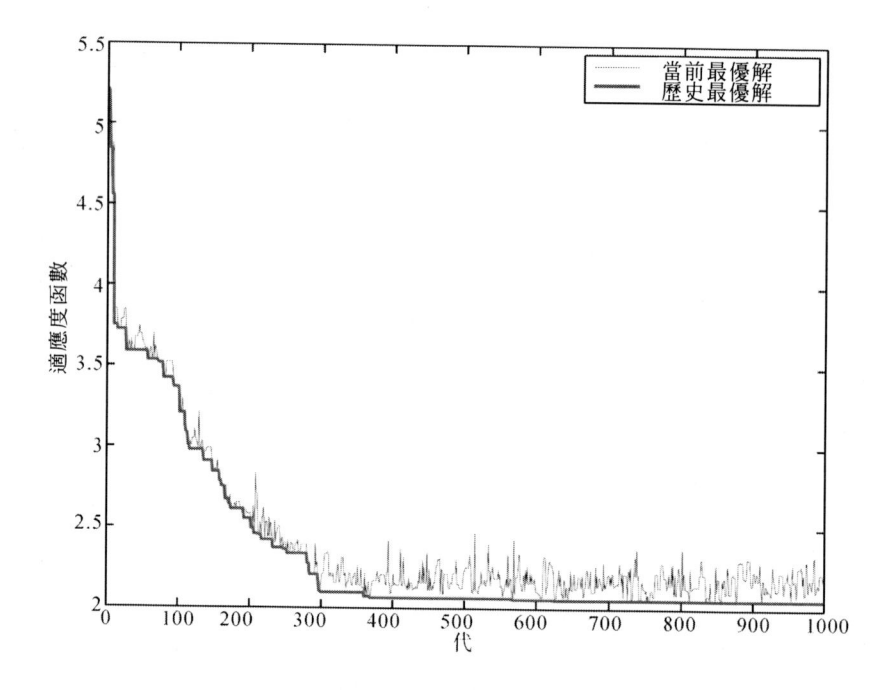

圖5.12 當前最優解與歷史最優解的比較

考慮到動態預測的潛在確定因素，該模型採用多步預測策略，主要包含5個預測步驟。上面採用的方案不僅能保證高度精確的預測，而且還可以降低所需計算量。

AGA-SVM、GA-SVM和ANN三種方法的預測結果如表5.5所示。驗證組中的30個樣品用於比較和評價。

表5.5　　　　　　　　三種方法的預測結果

t	實際值	AGA-SVM	ANN	GA-SVM
1	12.02	12.81	13.68	13.96
2	9.30	10.80	8.23	7.64
3	12.50	12.78	10.45	14.28
4	14.56	13.99	15.72	15.73
5	13.33	13.67	14.26	10.67
6	8.95	9.65	8.46	8.12

表5.5(續)

t	實際值	AGA-SVM	ANN	GA-SVM
7	14.78	14.01	12.46	12.46
8	14.89	15.71	15.81	15.36
9	12.14	12.55	11.64	9.43
10	9.79	9.70	9.01	8.19
11	12.11	11.11	13.24	14.56
12	13.12	13.68	14.68	10.38
13	12.30	12.23	10.37	11.78
14	12.72	12.45	13.01	10.39
15	14.21	14.38	13.83	12.41
16	11.38	11.64	10.65	8.06
17	12.21	12.89	13.99	14.67
18	12.28	13.01	12.67	11.29
19	11.37	10.34	10.94	13.79
20	11.41	11.63	11.38	12.08
21	14.42	12.45	15.06	10.49
22	8.34	9.34	8.96	11.94
23	8.08	8.09	7.68	9.05
24	12.21	11.79	13.54	11.52
25	12.79	13.11	12.03	8.42
26	13.16	12.42	12.88	15.28
27	12.76	10.43	11.06	12.48
28	10.36	8.34	9.25	7.49
29	13.85	13.65	14.78	14.27
30	12.49	12.78	13.60	13.53

5.3.2 性能分析

將其他模型的處理結果與本模型的處理結果的性能進行對比研究。將AGA-SVM模型、ANN模型和GA-SVM模型的結果進行比較，如圖5.13所示。

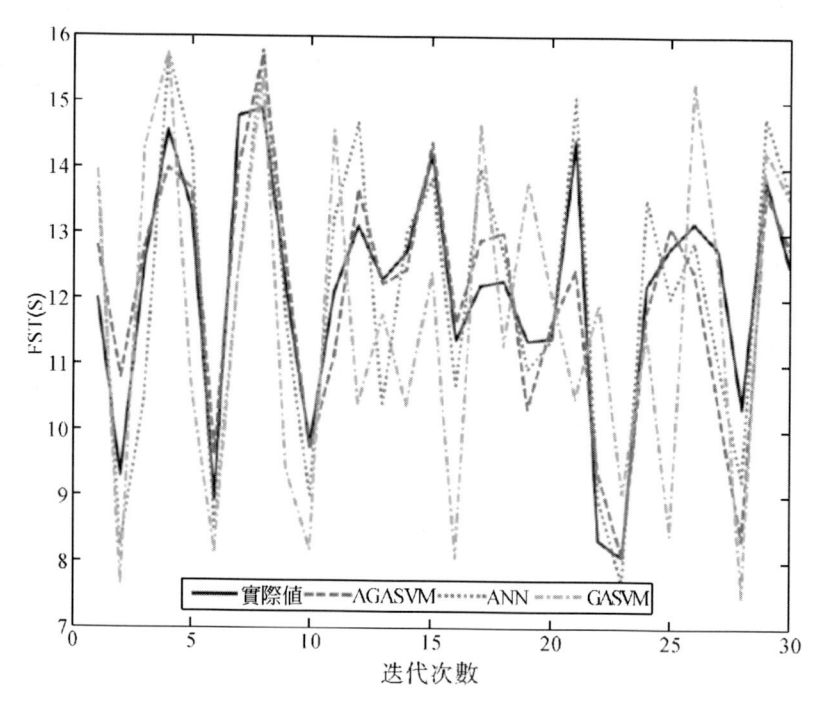

圖 5.13 不同方法預測結果對比圖

由圖 5.13 可以看出，ANN 在時間數據集成上存在嚴重失真，因為它只能適應預測指數數據系列。然而，AGA-SVM 模型能夠避免這個問題，因為它能增強數據的規律性。我們通過它削弱了隨機擾動的原始數據累積產生操作，並發現無序原始數據隱藏的內部關係。另外，支持向量機的優勢也體現在 GA-SVM，如小樣本學習。因此，AGA-SVM 被證明具有最好的預測性能。

根據以下幾個方面的數據對預測模型進行分析：平均絕對誤差百分比（MAPE）、標準化均方根誤差（NRMSE）和均方根相對誤差（RMSRE）。

平均絕對誤差百分比可用於分析和評價預測模型的近似能力。標準化均方根誤差和均方根相對誤差用於評估模型模擬真實性的能力和觀察到的變異性。預測模型的評價結果如表 5.6 所示，從表中可以看出：

ANN(MAPE)＞GA-SVM(MAPE)＞AGA-SVM(MAPE)；

ANN(NRMSE)＜GA-SVM(NRMSE)＜AGA-SVM(RMSRE)；

ANN(RMSRE)>GA-SVM(RMSRE)>AGA-SVM(RMSRE)。

表 5.6　　　　　　　　　預測模型效果評估

預測模型	評估指標		
	MAPE	NRMSE	RMSRE
ANN	43.104	0.264	0.618
GA-SVM	22.146	0.582	0.326
AGA-SVM	10.601	0.791	0.041

由此看出，AGA-SVM 在平均絕對誤差百分比、標準化均方根誤差和均方根相對誤差方面都具有最好的性能。這些結果不僅顯示實際值與預測值之間有著密切關係，同時表明 AGA-SVM 模型能有效地預測航天器推進系統軟件系統的可靠性。

5.4　本章小結

航天器推進系統軟件系統健康管理通過提供持續的健康狀況監測，以避免災難性的軟件故障，並提供警告。航天器推進系統軟件系統的可靠性預測是健康管理中的關鍵過程。總的來講，已經有許多方法被用來預測航天器推進系統軟件系統的可靠性，但單一的預測方法已無法滿足現代複雜航天器推進系統的要求。本書使用 AGA-SVM 模型，結合自適應遺傳算法與標準支持向量機模型對軟件系統的可靠性結果進行了論證。數值算例表明，選擇支持向量機的參數能夠增加模型的預測性能，因為最優參數使得模型預測過程更快，這對於集成健康管理系統尤為重要。通過與其他模型的處理結果進行比較研究，可以看出該模型具有比人工神經網絡或標準支持向量機更好的性能，因此該模型能夠對航天器推進系統軟件系統工程建模提供高效可靠的技術支撐。

6 發動機系統剩餘壽命預測

作為航天器的心臟,航天器推進系統發動機系統的狀態直接影響航天器的安全性、可靠性和操作性。發動機系統故障預測與健康管理可以提供故障預警並估計剩餘使用壽命。然而,發動機系統因為無形的和不確定的因素而具有高度複雜性,以至於難以模擬其複雜的降解過程,而且沒有可以有效解決這一關鍵和複雜問題的單一的預測方法。因此,本章引入融合預測方法,擬通過該方法獲得更精確的預測結果。本章以故障預測與健康管理為導向的一體化融合預測為框架,提高了系統的狀態預測的準確性。該框架戰略性地融合了監控傳感器數據和集成數據驅動的優勢預測方法和以經驗為基礎的方法,充分發揮各方法的優勢。最後,通過算例,採用基於傳感器數據預測開發融合預測框架對飛行器燃氣渦輪發動機的剩餘使用壽命進行預測。結果表明,該融合預測框架是一種有效的預測工具,相對於其他幾種傳統的單一的預測方法,這種方法可以提供更精確和更可信的剩餘壽命估算。

6.1 問題分析

現代航空技術的飛速發展使對質量和可靠性有更高要求的航天器系統越來越複雜[223]。航天器推進系統的發動機系統是航天器的心臟,其質量直接影響航天器的安全性、可靠性和操作性。預測和監測活動是基於運行

歷時數據進行的，所以它需要將許多不同類型的傳感器安裝在發動機上，或者在發動機內，以感測各種物理參數（如操作溫度、油溫度、振動、壓力等）和監視飛行器發動機系統的運行和與發動機操作相關聯的環境條件[111]。該部分利用航天器系統的健康狀況來檢測航天器發動機性能、降低故障率、預測剩餘使用壽命（RUL）成為迫切需要。在可利用的技術和方法範圍內，最有優勢的能夠解決潛在可靠性和可維護性等安全問題的方法就是所謂的預測與健康管理（PHM）[83,167]。

預測與健康管理是一種綜合集成方法，它評估系統在實際應用條件下的系統可靠性，目的是最大化目標系統的可利用性和安全性[238]。預測與健康管理憑藉其高效預測技術已經應用到各種系統中，如航空電子設備[178]、工業系統[169]和電子系統[181]。最近幾年，在面向預測與健康管理框架下的已經採用延長系統使用壽命和診斷間歇性故障的手段進行飛行器發動機故障警告研究[148]。預測與健康管理系統作為發動機系統健康管理的核心，其目的是確定潛在的風險，並為故障風險排除提供必要的信息[210]。因此，解決航天器發動機預測問題是非常重要和迫切的。通常，這個領域的研究可以分為三大類：基於模型的預測方法、基於經驗的預測方法、數據驅動預測方法[146,229]。一般而言，基於模型的預測方法是在對被監控系統進行數學建模的基礎上進行的，但對複雜的系統往往難以建模（例如飛行器發動機）[186]。基於經驗的預測方法通過知識的經驗累積，使用概率或隨機模型降解數據，但由於需適應發動機動力輸出的複雜過程，其結果往往不夠準確[209]。數據驅動方法分析和探討了傳感器數據，關注於數據組的參數和目標，把原始監測傳感器的數據轉化成相關行為的模式。這種方法的缺點是，它過分依賴訓練數據而無法進行系統故障區分[213]。上述的每個方法都具有優點和局限性，因此，單一的預測方法難以保證航天器推進系統發動機系統的預測與健康管理的有效性。

6.1.1 背景介紹

航天器的發動機系統具有複雜的退化過程，獲得可靠的傳感器數據和足夠的經驗數據比構建分析行為模型更容易[102,174,223]。因此，基於模型的方法並不適合航天器推進系統發動機系統的剩餘壽命預測。此外，基於經驗的和數據驅動的方法各有一些優勢和一定的局限性，所以這兩個方法都不能解決所有以預測與健康管理為導向的航天器推進系統發動機系統的剩餘壽命預測問題。為獲得更精確、合理的結果，在最近的研究中引入融合預測的概念[100,146,229]。大部分研究涉及一個基於模型的和數據驅動的融合預測的方法。Liu 等人將數據模型融合預測框架用於預測鋰離子電池的剩餘壽命，以提高系統狀態預測的準確性[153]。Cheng 和 Pecht 提出融合數據驅動的故障和物理學的方法來預測電子產品 RUL[86]。然而，較少有研究關注數據驅動和經驗依據預測方法，或者將融合預測用於航天器推進系統發動機系統剩餘壽命預測。為解決該類問題，本章建立了一個以預測與健康管理為導向的航天器推進系統發動機剩餘壽命集成融合預測框架。該框架旨在從許多類型的傳感器上最大限度地提取有意義的數據信息，並結合使用基於經驗和數據驅動兩種方法。航天器推進系統發動機系統的壽命預測問題對航天器綜合系統健康管理具有重要的意義，它決定了航天器能否在複雜環境中順利排除故障，保障航天器任務的達成。接下來，本書就航天器發動機系統的診斷問題從概念框架和系統描述等方面進行研究。

6.1.2 系統框架

由於系統結構的複雜性、大量的傳感器數據參數及競爭失效機制，航天器推進系統發動機系統的預測與健康管理是一個複雜的系統任務。它包含了狀態監測的功能、健康評估、故障診斷、故障過程的分析、預測和維護決策支持[238]，其概念框架如圖 6.1 所示。

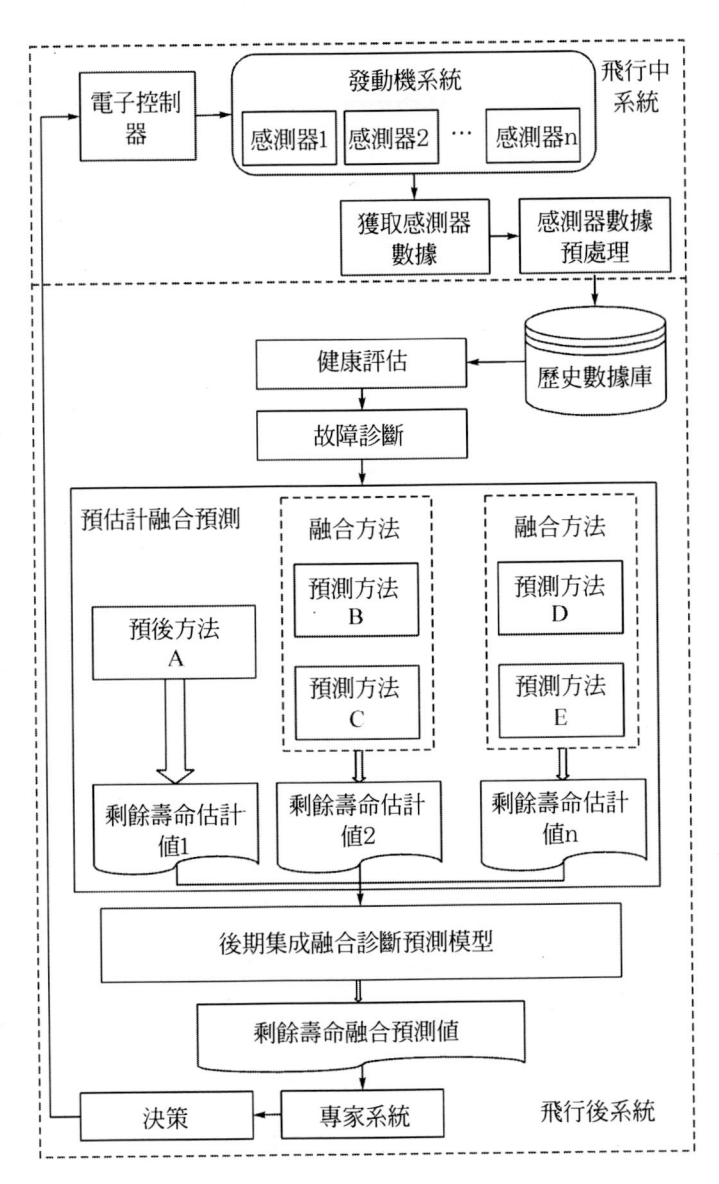

图 6.1　航天器推进系统发动机系统健康管理概念框架

发动机系统预测与健康管理概念架构包含了两个子系统——飞行中的系统和飞行后的系统。飞行中的系统包括许多类型的传感器（如温度传感器、压力传感器、振动传感器、距离传感器和位置传感器等）和适当的信号调节电路[61]。信号调节电路接收来自条件传感器信号并进行进一步处

理[217]。然後，通過數據預處理來融合數據信息，以獲取更有價值的信息。數據信息和特徵值都被存儲在歷史數據庫中。飛行後的系統是由健康評估程序、故障診斷過程、預測過程和人機交互界面組成。健康評估程序接收和融合來自歷史數據庫的數據信息，並分析發動機系統的健康狀態趨勢。故障診斷程序的目的是完成發動機的症狀檢測、故障診斷、故障定位和排序。預測過程分為兩個階段——預估計融合預測和估計後綜合預測。預估計融合預測階段接收來自故障診斷過程的信息，並融合多個獨立預測方法獲得不同剩餘壽命估算值。估計後的綜合預測階段融合不同的剩餘壽命估算值來估計剩餘壽命和分析發動機的健康趨勢。人機交互界面融合來自預測程序的信息，並進行決策，將信息反饋到電子控制器來調整推進系統發動機系統。

剩餘使用壽命預測是在推進系統發動機系統預測與健康管理中最常見和重要的任務。它可以通過為決策者提供信息、改變操作特徵（如負載）來延長組件的生命[204,224]，保障發動機系統健康運行。然而，由於結構複雜，其剩餘使用壽命預測難度較大。單個組件的剩餘使用壽命可能很長，但在這個複雜系統裡有許多組件是相互關聯的，它們的相互作用會對發動機系統剩餘使用壽命產生影響[63]。為了提高剩餘使用壽命預測的準確性，本書提出以預測與健康管理為導向的融合預測框架，其融合了依據經驗和數據驅動的預測方法。依據經驗的方法可以利用數據和經驗知識累積，數據驅動的方法能夠充分利用監測傳感器的數據。融合預測是這兩種不同方法的合成，包括優勢融合和克服各自的局限性。下文將分析融合預測如何使剩餘使用壽命預測的準確性大大提高。

6.2 方法體系

綜上所述，基於預測與健康管理的航天器推進系統發動機系統剩餘使用壽命預測是複雜的系統工程。本節從預測方法及模型構建兩個方面來介紹融合預測方法。

6.2.1 預測方法

通常的剩餘使用壽命預測所使用的方法包括 DSR 預測、SVM 預測、RNN 預測三種。

6.2.1.1 DSR 預測

DSR 模型首先對訓練傳感器數據集 X 中的質量函數 m 進行計算，假設 X 為輸入傳感器數據，y 是相應的目標輸出。輸入向量 X 的相鄰樣本 $e_i = (x_i, m_i)$ 是回應輸出 y 的相關信息來源。

關於 y 的模糊信任分配（FBA）用 $m_y[x, e_i]$ 表示。假設變量 y 的相關性信息取決於被合適的距離函數衡量的向量 x 和 x_i 之間的不同。根據距離函數，如果 x 接近於 x_i，預計 y 接近 y_i。

其中，$m_y[x, e_i]$ 被定義為 $m_y[x, e_i]$：

$$m_y[x, e_i](A) = \begin{cases} m_i(A)\phi(\|x-x_i\|), & \text{if } A \in X(m_i)/\{X\} \\ 1-\phi(\|x-x_i\|), & \text{if } A = X \\ 0, & \text{otherwise} \end{cases} \quad (6.1)$$

其中，ϕ 是從 R^+ 到 $[0,1]$ 的遞減函數，

$$\|x-x_i\| = [(x-x_i)^T \Sigma^{-1}(x-x_i)]^{1/2} \quad (6.2)$$

Σ 是一個對稱正定矩陣。

ϕ 的自然選擇是：

$$\phi(\|x-x_i\|) = \gamma \exp(-\|x-x_i\|^2) \qquad (6.3)$$

其中，$\gamma \in [0,1]$ 是調整參數 ≥ 0.9。

最後，將 FBA 和推導出的預測輸出 $\hat{y}$ 進行融合。獲取 FBA 的折扣信息 m_i 後，組成了被 FBA 連接規則訓練集提供信息的每個元素。為獲得預測輸出 $\hat{y}$，對 FBA 進行標準化運算。

6.2.1.2　SVM 預測

在訓練傳感器數據集 $X = \{(x_i, d_i), i = 1, \cdots, n\}$ 的基礎上（其中，$x_i \in R^n$ 是輸入傳感器數據，$d_i \in R$ 是目標值，n 是訓練集的數量），訓練 SVM 機制等價於求下式的迴歸函數：

$$f(x) = \sum_{i,j=1}^{n} (\alpha_i - \alpha_i^*) k(x_i, x_j) + b \qquad (6.4)$$

其中，$k(x_i, x_j)$ 是正定核函數；α_i，α_i^* 和 b 是該模型的參數。為了找到 α_i，α_i^* 以及 $i = 1, \cdots, l$，需要解決下面的最小化問題：

$$\min R(\alpha, x) = \frac{1}{2} \sum_{i,j=1}^{n} (\alpha_i - \alpha_i^*)(\alpha_j - \alpha_j^*) k(x_i, x_j)$$

$$+ \varepsilon \sum_{i=1}^{n} (\alpha_i + \alpha_i^*) - d \sum_{i=1}^{n} (\alpha_i - \alpha_i^*) \qquad (6.5)$$

$$\text{s.t.} \begin{cases} \sum_{i=1}^{n} (\alpha_i - \alpha_i^*) = 0 \\ \alpha_i, \alpha_i^* \in [0, C] \end{cases} \qquad (6.6)$$

其中，ε 和 C 是超參數。

考慮到發動機系統的複雜性和從眾多傳感器搜集來的大量數據，選擇具有很強的非線性預測能力的徑向基函數（RBF）的核函數，因為它能夠有效地解決這個問題。

$$k(x_i, x_j) = \exp\left\{-\frac{|x_i - x_j|^2}{2\sigma^2}\right\} \qquad (6.7)$$

其中，σ 是寬度參數。

測試傳感器數據被輸入到訓練後的 SVM 並計算剩餘使用壽命的預測值：

$$\tilde{y} = f(x) = \sum_{x_{i,j} \in Z}^{n} (\alpha_i - \alpha_i^*) k(x_i, x_j) + b \qquad (6.8)$$

6.2.1.3　RNN 預測

RNN 模型由四個層次組成，即輸入層 I、迴歸層 R、語義層 C 和輸出層 O。讓 $I_{(t)}$、$R_{(t)}$ 和 $O_{(t)}$ 作為輸入傳感器數據，在時間 t 的迴歸層和輸出層活動。第 i 個迴歸單元的輸入網絡可以進行如下處理：

$$\tilde{R}_{(t)}^{i} = \sum_{j} W_{RI}^{ij} I_{(t)}^{j} + \sum_{j} W_{RC}^{ij} R_{(t-1)}^{j} \qquad (6.9)$$

假設邏輯 S 形函數作為激活函數 f，然後可以計算第 i 個重複單元的輸出活動為

$$R_{(t)}^{i} = f(\tilde{R}_{t}^{i}) = [1 + \exp(-\tilde{R}_{(t)}^{i})]^{-1} \qquad (6.10)$$

第 i 個單元的傳感器數據網絡輸入和航天器推進系統發動機系統剩餘使用壽命預測值輸出分別計算如下：

$$\tilde{O}_{(t)}^{i} = \sum_{j} W_{OR}^{ij} R_{(t)}^{j} \qquad (6.11)$$

和

$$O_{(t)}^{i} = f(\tilde{O}_{(t)}^{i}) = [1 + \exp(-\tilde{O}_{(t)}^{i})]^{-1} \qquad (6.12)$$

6.2.2　模型構建

在對推進系統發動機系統的構成和故障原理進行分析的基礎上，結合各種壽命預測的方法，構建發動機系統的剩餘使用壽命預測模型。

6.2.2.1　融合預測框架

為了預測航天器推進系統發動機系統的剩餘使用壽命，需要有效地識別維護計劃，並提出基於傳感器數據的預測和健康管理的融合框架，如圖 6.2 所示。

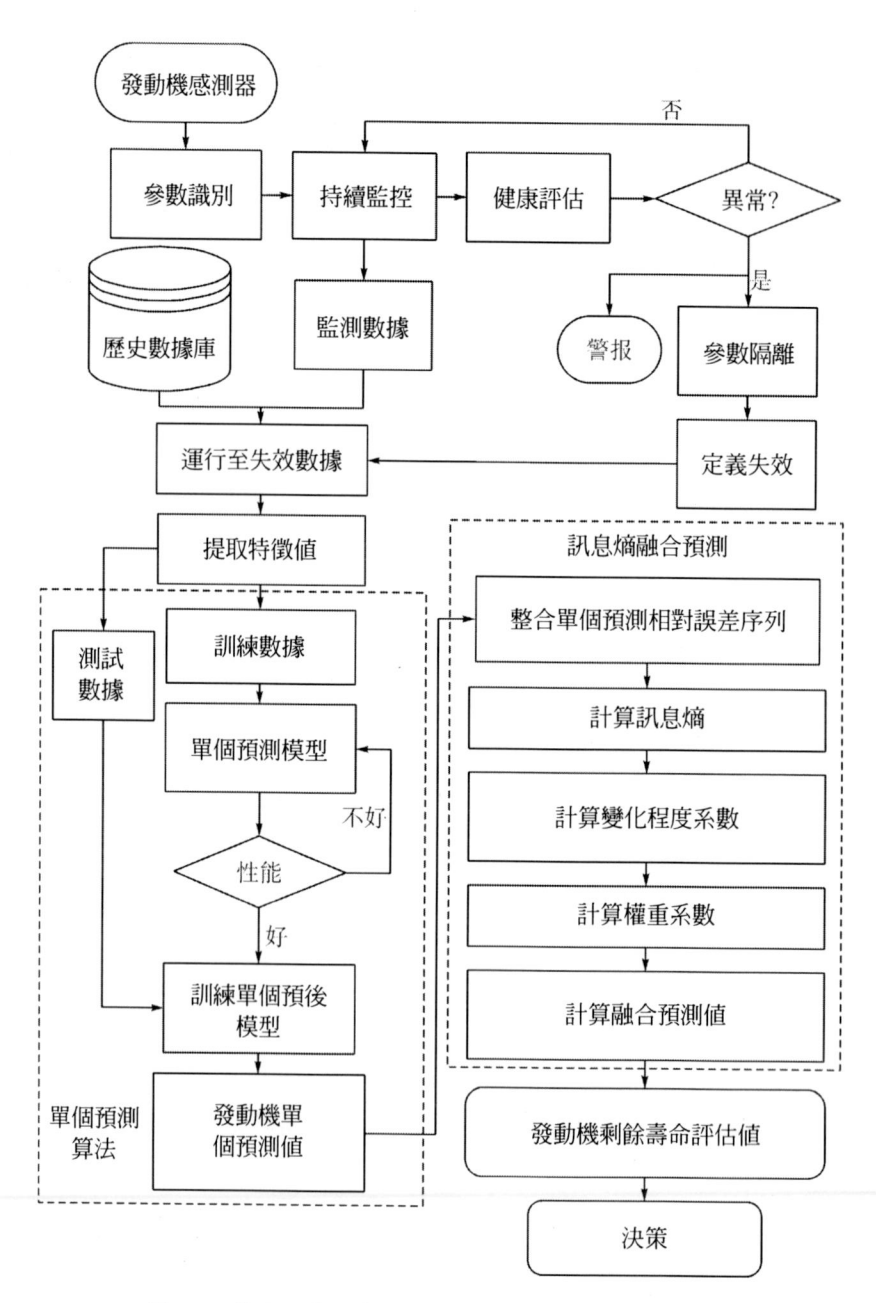

圖 6.2　推進系統發動機系統剩餘使用壽命預測概念框架

第一步，參數識別。融合預測框架的第一步是確定監視器的參數。一般情況下，這些參數可以是任何可用變量，包括操作、環境負荷和性能參

數。在眾多參數中，只有那些對安全至關重要的或可能引起災難性失敗的參數需要監測。失效模式、機制和效用分析（FMMEA）可以用來確定發動機系統需要監測的關鍵參數[181]。

第二步，參數監測和數據預處理。發動機系統在生命週期所有階段都需要通過傳感器確定參數監測。這些傳感器幫助評估發動機的結構完整性。例如，監測進氣和排氣碎片、聲學傳感器、振動傳感器、高帶寬多軸振動、葉尖間隙監視器。其中不乏監測傳感器數據的問題，如數據異常分佈和不準確數據的出現。如果不對各種類型的數據進行預處理，那麼就無法確定傳感器的數據問題，因此對數據進行預處理十分必要[104]。

第三步，健康基準線的設置和健康評估。發動機系統的健康基準線由代表所有可能的變化的健康運行參數數據集合組成。這些基準數據來自於不同的操作狀態和加載條件下的傳感器，或者是基於最初的規範和標準[86]。對發動機系統做健康評估是通過比較監測傳感器數據和健康基線來檢測發動機系統是否異常。如果有任何異常被檢測到，便發出警報，則第四步到第八步將被執行。如果沒有檢測到異常，則程序重複第二步。

第四步，參數隔離和失效定義。檢測到的異常可能由單個參數導致，也有可能由多個參數的組合導致。參數隔離有助於識別這些有顯著異常的參數，其方法主要為主成分分析、期望值最大化和最大似然估計[181]。失效定義是一個定義孤立參數的失效準則過程[86]。

第五步，運行故障數據處理。運行故障數據包含發動機系統的健康狀態的大量信息。按照失效的定義，發動機系統的失效數據包含來自歷史數據庫的經驗數據和監測傳感器獲得的數據。運行故障數據可能包括均值、標準偏差、發動機系統健康狀態值[181]。特徵值提取能獲得一個好的特性信息，代表發動機系統從健康到失敗的環境。運行故障數據分為訓練數據集 X 和測試數據集 Z。

第六步，個體預測算法的選擇。對運行故障數據處理後，需從發動機

系統的經驗數據和數據驅動方法中選擇適當的個體預測算法以預測剩餘使用壽命。經驗數據算法包括貝葉斯方法和 Dempster-Shafer 迴歸（DSR）等[120]。在這些方法中，DSR 是貝葉斯方法的延伸，能夠克服貝葉斯方法的不穩定預測問題[175]。

選擇了 DSR、SVM 和 RNN 預測算法後，對包括目標值的傳感器數據進行訓練。將它們放進這三種算法分別進行訓練。然後，計算輸出值和目標值之間的誤差。如果誤差小於給定閾值，說明預測算法的性能良好。如果不是，則重複以上訓練步驟。將測試傳感器數據放入第三步中，通過受訓個體預測算法分別計算出相應的剩餘使用壽命的預測值。

在這三個獨立預測算法中，DSR 能夠很好地利用數據和經驗累積知識，但它並沒有考慮到發動機系統故障的動態過程，因而不能準確預測結果[175]。無論是 SVM 和 RNN 都可以充分利用傳感器監控數據，而 RNN 具有較強的非線性擬合能力，能夠映射出任何複雜的非線性關係，且其學習規則比較簡單[119]。但是，RNN 模型依賴於大量的訓練數據，這往往會導致過度的學習。此外，RNN 容易陷入局部最優，往往不能獲得最優解。SVM 有著嚴格的理論和數學基礎，不會過分依賴於訓練數據量，能夠有效地克服 RNN 缺點[183]。然而，對於 SVM 來說，不同的訓練數據集所適合的核函數和參數選擇仍然是未解決的問題。此外，SVM 難以處理大規模的訓練樣本數據[71]。

第七步，以熵為基礎的融合預測模型。由於三個個體預測的算法都有其自身的優點和局限性，每個預測結果只能根據具體的條件達到相應精度和合理性。因此，擬採用一個以熵為基礎的融合預測模型，將這三種方法進行集成，吸取各種方法的優點，同時克服其各自的局限性。

信息熵理論的基本思想如下：對單個預測模型，如果其預測誤差序列變異程度很大，相應的融合預測權重就較小[137]。基於信息熵的融合模型模擬過程如下：

假設有 m 個預測方法可以預測發動機系統的剩餘使用壽命，第 i 個預測方法在時間 t_i 預測的值為 x_{it} （$i=1,2,\cdots,m$; $t=1,2,\cdots,N$）。第 i 個預測方法在時間 t 預測的相對誤差是：

$$e_{it}\begin{cases}1, & \text{when } |(x_t-x_{it})/x_t|\geqslant 1 \\ \left|\dfrac{x_t-x_{it}}{x_t}\right|, & \text{when } 0\leqslant |(x_t-x_{it})/x_t|<1\end{cases} \qquad (6.13)$$

顯然 $0\leqslant e_{it}\leqslant 1$。

首先，每個單獨的預測方法的相對預測誤差序列是成組的，即第 i 個個體在時間 t 的相對預測錯誤的比例能夠被計算為

$$p_{it}=\frac{e_{it}}{\sum\limits_{t=1}^{N}e_{it}}, \quad t=1,2,\cdots,N \qquad (6.14)$$

其次，第 i 個預測方法的相對誤差序列的信息熵值 h_i 能夠通過下式計算：

$$h_i=-k\sum_{t=1}^{N}p_{it}\ln p_{it}, \quad i=1,2,\cdots,m \qquad (6.15)$$

其中，k 是常數且 $k>0$，$h_i\geqslant 0$，$i=1,2,\cdots,m$。對於第 i 個個體的預測的方法，如果所有的 p_{it} 是相等的，即 $p_{it}=1/N$，$t=1,2,\cdots,N$，h_i，那麼取最大值，即 $h_i=k\ln N$。當 $k=1/\ln N$，則有 $0\leqslant h_i\leqslant 1$。

最後，計算第 i 個個體的變化程度係數 d_i。由於 $0\leqslant h_i\leqslant 1$，根據預測錯誤序列的信息熵值規模與它的變化程度相反的規則，相對預測誤差序列第 i 個個體的變化程度係數 d_i 定義如下

$$d_i=1-h_i, \quad i=1,2,\cdots,m \qquad (6.16)$$

計算每個單獨的預測方法的加權係數 ω_i：

$$\omega_i=\frac{1}{m-1}\left(1-\frac{d_i}{\sum\limits_{i=1}^{m}d_i}\right), \quad i=1,2,\cdots,m \qquad (6.17)$$

權重係數滿足 $\sum\limits_{i=1}^{m}\omega_i=1$。

對航天器推進系統發動機系統剩餘使用壽命融合預測值 $\hat{y}_t$ 進行計算：

$$\hat{y}_t = \sum_{i=1}^{m} \omega_i x_{it}, \quad t = 1, 2, \cdots, N \tag{6.18}$$

第八步，決策。發動機系統監督管理決策者能夠根據剩餘使用壽命的融合預測結果和引起報警的故障做出相應的決定，並將信息反饋到電子控制器，以調整航天器推進系統。

6.3 應用分析

以信息熵為基礎的融合預測框架被應用於預測基於傳感器數據的燃氣渦輪發動機系統的剩餘使用壽命。燃氣渦輪發動機具有一個內置的控制系統，包含一個風扇調速器以及一組校準器和限制設備。限制設備包括三個高限穩壓器，防止超出其核心速度、發動機壓比和高壓渦輪（HPT）出口的溫度的極限；限制調節器能防止高壓壓氣機（HPC）出口的靜壓太低以及加速和減速限制器的核心速度[191]。圖 6.3 展示出了燃氣渦輪發動機模型的主要組成，包括風扇、低壓壓氣機（LPC）、HPC、低壓渦輪機（LPT）、HPT、燃燒室和噴嘴。

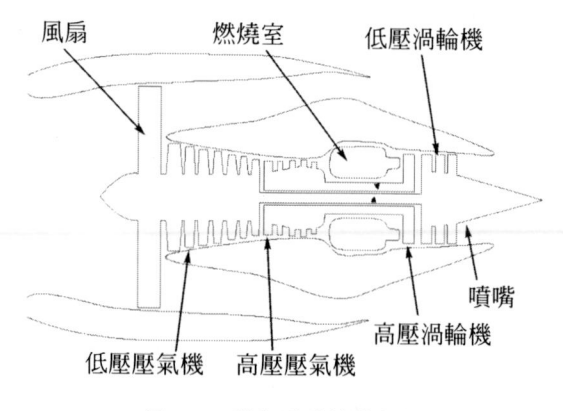

圖 6.3　燃氣發動機簡化圖

6.3.1 數據融合

推進系統燃氣渦輪發動機系統的剩餘使用壽命與它的環境息息相關。要監測推進系統燃氣渦輪發動機系統的情況，可以使用若干種信號，如溫度、壓力、速度和空氣比。這裡共有 21 個傳感器分別安裝在推進系統發動機的不同組件上（風扇、LPC、HPC、LPT、HPT、燃燒室和噴嘴）來監測航天器推進系統發動機系統的健康條件。從上述的傳感器獲得的 21 個傳感器信號在表 6.1 中詳述。在這 21 種傳感器信號中，一些信號含有很少或沒有降解其他傳感器信息，甚至一些傳感器數據被測量噪聲污染了。為了改善剩餘使用壽命的預測精度和效率，必須仔細選擇重要的監測信號，表徵航天器推進系統燃氣渦輪發動機系統的健康預測降解行為。通過觀察 21 種傳感器信號的降解行為，我們選擇了其中七個（2，4，7，8，11，12，和 15）。Wang 等給出了詳細的選擇標準[221]。

表 6.1　　　　　　　　推進系統燃氣輪機傳感器信號描述

指標	樣本	描述	單位
1	T2	風機入口總溫度	°R
2	T24	低壓壓氣機出口總溫度	°R
3	T30	高壓壓氣機出口總溫度	°R
4	T50	低壓渦輪機出口總溫度	°R
5	P2	風機入口壓力	psia
6	P15	涵道總壓力	psia
7	P30	高壓壓氣機出口壓力	psia
8	Nf	物理風扇速度	rpm
9	Nc	物理核心速度	rpm
10	Epr	發動機壓力比	–
11	Ps30	高壓壓氣機出口靜壓力	psia
12	Phi	Ps30 的燃料流量比	pps/psi
13	NRf	糾正風扇轉速	rpm
14	NRc	更正內核速度	rpm

表6.1(續)

指標	樣本	描述	單位
15	BPR	涵道比	—
16	farB	燃燒器的燃料-空氣比	—
17	htBleed	放熱焓	—
18	Nf_dmd	要求風扇轉速	rpm
19	PCNfR_dmd	要求糾正風扇轉速	rpm
20	W31	高壓渦輪出口冷卻液流失	lbm/s
21	W32	低壓渦輪出口冷卻液流失	lbm/s

註：°R　蘭金溫標
　　psia　每平方英吋的絕對磅
　　rpm　每分鐘轉數
　　pps　每秒脈衝
　　psi　每平方英吋的磅
　　lbm/s　每秒一斤質量

　　基於選擇的傳感器信號，從100架推進系統燃氣渦輪發動機系統裡收集了傳感器數據，並記錄了每個發動機系統從收集開始的時間到失效時間，以及真實的推進系統發動機系統的剩餘使用壽命。起初的80種傳感器數據被用來在DSR、SVM和RNN模型中訓練。此訓練數據的一部分展示在表6.2中。最後20組傳感器數據被選為表6.3的測試數據集，並且被用於預測推進系統發動機系統的剩餘使用壽命，這些真實剩餘使用壽命值可用於比較和評價。

表6.2　部分訓練傳感器數據與對應的實際剩餘使用壽命值

發動機序號	\multicolumn{8}{c}{傳感器指標}	實際剩餘使用壽命
	2	4	7	8	11	12	15	
1	549.57	1,131.44	139.11	2,211.82	45.40	372.15	9.375,3	213
2	549.23	1,118.22	139.61	2,211.93	36.55	164.55	9.329,1	140
3	607.8	1,255.38	334.42	2,323.91	47.38	521.42	9.225,8	134
4	607.39	1,251.56	334.91	2,323.92	45.44	371.47	9.216,9	141
5	607.71	1,243.86	335.88	2,323.86	41.95	130.48	9.207,3	337

表6.2(續)

發動機序號	傳感器指標							實際剩餘使用壽命
	2	4	7	8	11	12	15	
6	555.34	1,130.96	195.24	2,223.00	36.44	164.22	9.319,1	209
7	641.96	1,396.28	553.78	2,388.01	41.71	183.17	8.387,9	142
8	642.46	1,399.74	554.72	2,387.98	37.82	131.07	8.406,2	255
⋮				……				⋮
80	537.15	1,046.75	175.68	1,915.17	36.75	164.29	10.905,4	284

表6.3　　二十組傳感器數據及對應的實際剩餘使用壽命值

發動機序號	傳感器指標							實際剩餘使用壽命
	2	4	7	8	11	12	15	
1	605.33	1,311.90	394.18	2,318.89	47.42	521.50	8.673,5	229
2	536.85	1,050.40	175.48	1,915.37	41.73	182.84	10.878,8	238
3	607.38	1,251.31	335.21	2,323.98	41.89	130.53	9.180,5	254
4	536.81	1,048.51	175.52	1,915.29	45.13	372.04	10.918,1	154
5	604.50	1,312.73	394.26	2,318.94	44.15	315.49	8.648,7	209
6	536.61	1,043.49	175.70	1,915.40	36.61	164.82	10.871,2	190
7	536.22	1,049.95	175.93	1,915.16	47.53	521.41	10.911,8	145
8	536.69	1,049.83	175.72	1,915.15	44.46	315.50	10.893,9	204
9	549.22	1,117.36	138.22	2,211.88	41.76	182.78	9.348,1	170
10	607.95	1,257.83	335.12	2,323.99	41.88	183.55	9.257,9	175
11	607.46	1,249.82	334.96	2,323.92	44.24	315.52	9.230,5	225
12	549.54	1,120.54	139.12	2,212.03	45.21	372.08	9.359,2	235
13	555.42	1,120.64	195.09	2,222.91	36.50	164.92	9.274,5	249
14	536.91	1,050.00	176.05	1,915.12	36.70	164.32	10.945,0	192
15	549.73	1,126.21	138.61	2,211.83	41.92	130.33	9.368,5	186
16	604.52	1,301.44	394.61	2,318.93	41.85	131.31	8.647,6	128
17	555.26	1,119.84	194.76	2,223.02	41.91	130.87	9.291,5	174
18	549.42	1,135.99	139.45	2,211.72	44.38	314.29	9.372,6	228
19	536.32	1,053.89	175.77	1,915.28	44.43	315.28	10.883,1	225
20	549.58	1,119.72	138.90	2,211.93	9.37	36.64	164.76	284

在訓練階段，將訓練數據中的傳感器數據集作為輸入的數據，並將相應的真實的剩餘壽命數據作為目標值來分別訓練 DSR、SVM、RNN 模型。將三個預測模型的參數值初始化，對輸出值與目標值之間的誤差進行計算。如果誤差小於給定閾值，則預測算法的性能較好。如果不是這樣，這些參數值將被調整。在測試階段中，來自測試數據集合的傳感器數據分別被輸入到訓練的 DSR、SVM、RNN 模型中，分別計算每個單獨的預測算法對應的剩餘使用壽命預測值。預測數據利用 Matlab 軟件獲得的三個獨立的預測算法的預測值展示在表 6.4 中。

表 6.4　　　　　　　　單個預測與融合預測結果

測試序號	DSR	SVM	RNN	融合預測	實際剩餘使用壽命
1	258.715	202.861	192.151	214.052	229
2	250.584	198.451	250.458	232.834	238
3	260.473	188.842	219.652	220.392	254
4	181.943	129.782	132.486	145.139	154
5	230.982	152.521	179.324	184.398	209
6	236.004	164.048	147.341	177.342	190
7	168.009	117.584	126.329	134.796	145
8	232.684	176.384	159.069	185.147	204
9	201.942	135.809	145.328	157.630	170
10	201.109	143.682	148.728	161.388	175
11	201.304	240.548	198.319	213.476	225
12	275.897	218.157	200.451	227.165	235
13	274.107	231.341	204.045	232.537	249
14	228.142	153.208	159.512	176.203	192
15	201.341	158.452	160.691	171.085	186
16	152.482	112.051	117.149	125.113	128
17	201.902	150.971	143.961	162.240	174

表6.4(續)

測試序號	預測方法				實際剩餘使用壽命
	DSR	SVM	RNN	融合預測	
18	259.421	190.106	204.021	214.498	228
19	254.013	188.146	190.613	207.172	225
20	301.452	249.314	259.105	267.400	284

6.3.2 融合預測

根據表6.4，將三種不同預測方法的相對誤差序列根據公式（6.13）計算出的值作為 e_{1t}, e_{2t} 和 e_{3t}。由於相對誤差序列是成組的，所以 e_{1t}, e_{2t} 和 e_{3t} 可以通過公式（6.14）確定，結果如表6.5所示。

表6.5　　相對誤差序列和三種個體預測方法的整合

測試序號	p_{1t}	p_{2t}	p_{3t}
1	0.048,0	0.037,1	0.056,4
2	0.019,6	0.054,0	0.018,3
3	0.009,4	0.083,4	0.047,4
4	0.067,1	0.051,1	0.049,0
5	0.038,9	0.087,8	0.049,8
⋮		……	
18	0.051,0	0.054,0	0.036,9
19	0.047,7	0.053,2	0.053,6
20	0.022,7	0.039,7	0.030,7

根據公式（6.15）計算可得三個預測方法的相對預測誤差的熵值 h_1, h_2 和 h_3：

$$h_1 = -\sum_{t=1}^{20} p_{1t}\ln p_{1t}/\ln 20 = 0.971,7$$

$$h_2 = -\sum_{t=1}^{20} p_{2t}\ln p_{2t}/\ln 20 = 0.979,9$$

$$h_3 = -\sum_{t=1}^{20} p_{3t}\ln p_{3t}/\ln 20 = 0.985,7$$

可以根據公式（6.16）計算得到三個單獨的預測方法的相對預測誤差的變化程度系數 d_1, d_2 和 d_3：

$$d_1 = 1-h_1 = 0.028,3$$

$$d_2 = 1-h_2 = 0.020,1$$

$$d_3 = 1-h_3 = 0.014,3$$

三個獨立的預測方法的加權系數 ω_1, ω_2 和 ω_3 可以根據公式（6.17）計算得到：

$$\omega_1 = \frac{1}{3-1}\left(1-\frac{0.028,3}{0.028,3+0.020,1+0.014,3}\right) = 0.274,4$$

$$\omega_2 = \frac{1}{3-1}\left(1-\frac{0.020,1}{0.028,3+0.020,1+0.014,3}\right) = 0.339,5$$

$$\omega_3 = \frac{1}{3-1}\left(1-\frac{0.014,3}{0.028,3+0.020,1+0.014,3}\right) = 0.386,1$$

在公式（6.18）中，融合預測值為

$$\hat{y}_t = 0.274,4x_{1t}+0.339,5x_{2t}+0.386,1x_{3t}, \quad t=1,2,\cdots,20 \quad (6.19)$$

表 6.4 中三種個體的預測詳細結果被輸入到公式（6.19）中，航天器推進系統渦輪發動機系統的剩餘壽命融合預測價值 $\hat{y}_t$ 的結果如表 6.4 的最右列所示。

6.3.3 驗證討論

對於航天器推進系統燃氣渦輪發動機系統，使用不同的預測方法得到的預測結果如圖 6.4 所示。從圖 6.4 中可以直觀看出：與個體的預測曲線相對比，基於信息熵的融合預測曲線更好地擬合了真實的曲線。

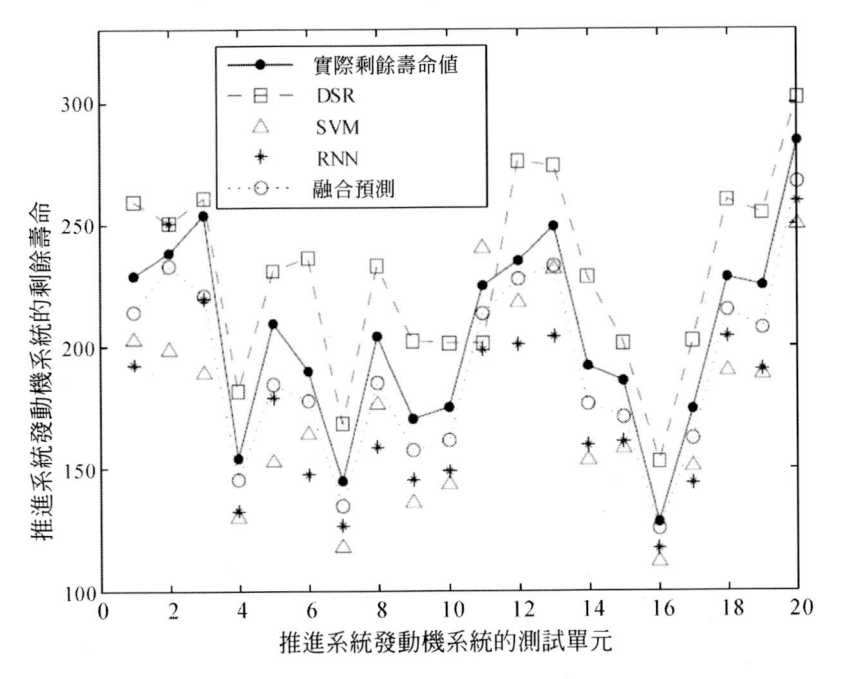

圖 6.4　推進系統發動機系統剩餘使用壽命不同預測方法的預測結果

為了準確地測試預測效果，選擇平均方差（MSE）、平均絕對誤差（MAE）、平均絕對百分比誤差（MAPE）、均方誤差百分比（MSPE）和皮爾森相關係數 e_{PR} 作為預測誤差指數，得到：

$$e_{MSE} = \frac{1}{N}\sqrt{\sum_{t=1}^{N}(x_t - \hat{x}_t)^2} \qquad (6.20)$$

$$e_{MAE} = \frac{1}{N}\sum_{t=1}^{N}|x_t - \hat{x}_t| \qquad (6.21)$$

$$e_{MAPE} = \frac{1}{N}\sum_{t=1}^{N}\left|\frac{x_t - \hat{x}_t}{x_t}\right| \qquad (6.22)$$

$$e_{MSPE} = \frac{1}{N}\sqrt{\sum_{t=1}^{N}\left(\frac{x_t - \hat{x}_t}{x_t}\right)^2} \qquad (6.23)$$

$$e_{PR} = \frac{\sum_{i=1}^{N}(x_i - \bar{x})(\hat{x}_i - \bar{\hat{x}})}{\sqrt{\sum_{i=1}^{N}(x_i - \bar{x})^2}\sqrt{\sum_{i=1}^{N}(\hat{x}_i - \bar{\hat{x}})^2}} \qquad (6.24)$$

其中，x_t是實際值的序列，$\bar{x}$是實際值序列的平均值，$\hat{x}_t$是預測值序列，$\bar{\hat{x}}$是預測值序列的平均值，$t=1,2,\cdots,N$。e_{PR}系數表示實際值與預測值序列曲線之間的相似性。從其實際意義來看，$0<e_{PR}<1$ 即e_{PR}的更大值表示更相似曲線的形狀和預測精度更高，因此e_{PR}屬於盈利指標。但是前四個指標都屬於損害指標，即該值越小，預測結果越好。為了做一個綜合評價，e_{PR}系數被替換為$e'_{PR}=1-e_{PR}$。

根據公式（6.20）、公式（6.21）、公式（6.22）、公式（6.23）、公式（6.24），得到三種融合方法及融合預測的誤差指標結果，如表6.6所示。

表6.6　　　　三種融合方法及融合預測的誤差指標結果

故障預測方法	e_{MSE}	e_{MAE}	e_{MAPE}	e_{MSPE}	e'_{PR}
DSR	6.211,9	26.294,9	0.135,2	0.032,4	0.066,8
SVM	7.498,3	31.141,9	0.153,8	0.036,4	0.081,7
RNN	6.808,5	29.009,2	0.142,7	0.033,2	0.051,9
基於信息熵的融合預測	3.493,2	14.199,7	0.068,7	0.016,5	0.012,6

表6.6顯示了單一方法預測和融合預測的預測誤差精度分析，從中可以看出基於信息熵的融合預測方法的五項指標比每個單獨的預測方法小，所以基於信息熵的融合預測的方法是最佳的。

從圖6.4和表6.6中可以看出，基於信息熵的融合預測模型能夠吸取三個單獨的預測方法的長處並克服它們各自的一些不足，從而提高預測方法的準確性。這一預測似乎做了低估，但是精度比模擬結果更好。在實際應用中，對機器健康的預測評估是非常實用的。因此，以信息熵為基礎的融合預測的方法比單一的預測方法有更大的應用價值。

6.4 本章小結

　　航天器推進系統發動機系統的預測與健康管理能夠監測其運行的健康狀況，診斷故障並提供預警，預測剩餘壽命以避免災難發生。剩餘使用壽命預測是推進系統發動機系統的預測與健康管理的關鍵過程，因為它能揭示發動機系統未來的健康狀況並獲得剩餘壽命的預測值。在本書中，提出了以預測與健康管理為導向的基於傳感器數據的剩餘壽命預測方法。這種融合預測方法利用航天器推進系統發動機系統的傳感器數據，結合了數據驅動和依據經驗這兩種預測方法的優勢且消除了這兩種方法各自的局限性。該融合模型是建立在信息熵理論的基礎上。個體預測方法預測的誤差序列的變異程度與在融合預測模型中對應的權重係數是成反比的。最後，本章通過一個數值例子證明，相較於單獨的算法，融合預測方法能夠提供更精確和穩定的航天器推進系統發動機系統剩餘使用壽命預測值。為了保障航天器任務的順利實現，要進一步整合健康管理活動的剩餘使用壽命預測，延伸預測方法，使用可靠的系統信息來改善預測性能，並且考慮在預測過程中的不確定性因素，建立一個更有效的用於航天器推進系統發動機系統預測與健康管理的框架。

7 結語

航天器推進系統作為保證航天器安全的關鍵系統，結構複雜，工作環境具有高真空、高強度、不確定的特徵，其系統安全對航天器系統的正常工作具有重要影響。

一旦推進系統發生異常，將導致航天器部分功能的喪失，甚至整體系統故障，影響航天器任務的成敗，威脅人員的安全。航天器推進系統主要是由電子系統、軟件系統及發動機系統構成。從航天器推進系統的安全角度來看，主要涉及電子系統的效能評估、軟件系統的可靠性預測及發動機剩餘壽命預測三個方面的問題。以集成系統健康管理理論框架為基礎，結合航天器推進系統中各子系統的結構和故障特徵，進行理論分析並構建模型，運用智能評估及預測方法對模型進行求解，獲得系統安全相關指標數據，為航天器推進系統健康狀態和維修決策提供科學支撐。本書圍繞航天器推進系統安全評估與預測方法進行研究。

7.1 主要工作

本書圍繞航天器推進系統安全評估與預測問題，根據推進系統的構成，分別從電子系統分層效能評估、軟件系統可靠性預測和發動機系統剩餘壽命預測三個角度著手，結合電子系統、軟件系統和發動機系統三個推進系統的子系統的特徵，構建了具體的評估和預測模型，之後再通過算例

求解的方式來驗證模型及算法的有效性、優越性。

（1）分析了航天器推進系統的構成。航天器推進系統包括電子系統、軟件系統和發動機系統。本書闡述了航天器推進系統電子系統、軟件系統和發動機系統在整體系統中的關鍵作用和特殊功能；闡述了安全關鍵系統的定義，詳細描述其具體特徵，並根據定義和特徵對航天器安全系統相關理論進行分析和梳理。本書結合航天器推進系統結構特徵，分析其安全的重要性；闡述集成系統健康管理的基本框架，包括數據獲取，效能評估、可靠性評估、故障診斷為一體的安全評判，決策支持等。本書歸納了信息融合模型和啓發式智能算法，包括對模糊語義度量的定義、隸屬度函數的構建以及模糊予以尺度的運算方法。在啓發式智能算法方面，本書介紹了支持向量機算法、遺傳算法及傳統層次分析法、網絡層次分析及信息熵計算的基本方法。該部分框架和算法的歸納與總結為整個研究奠定了基礎。

（2）建立了電子系統分層效能評估模型，以實現電子系統級健康狀態評估和子系統的效能評估。本書有效處理了模糊環境下航天器推進系統電子系統分層效能評估問題，根據電子系統的結構特徵，按照綜合系統健康管理的邏輯順序，先後建立了系統級健康狀態評估模型和子系統級效能水準評估模型；然後根據評估變量和指標的特點，將模糊語義尺度應用到解決定性指標定量化的處理過程中，結合網絡層次分析的優勢，對子系統級的效能水準進行評估。該模型和方法將系統級和子系統級的健康問題都考慮在內，完善了航天器電子系統在子系統級中的效能評估的理論和方法。

（3）建立軟件系統可靠性預測模型，提出 AGA-SVM 求解算法。本書擬解決航天器推進系統軟件系統的可靠性評估問題，按照航天器推進系統集成系統健康管理的邏輯順序，根據航天器軟件系統的特徵，進行可靠性指標的分析和選擇；圍繞指標構建了信息融合的可靠性評估模型，模型中將支持向量機算法和遺傳算法進行有機結合，並對遺傳算法的參數選擇環節進行改進，實現自動選擇參數的自適應遺傳算法；通過 AGA-SVM 智能

算法對數值算例進行求解和運算，通過分析驗證，得到精確的可靠性評估數據，擬向決策者提供有效支持，以保障維修和養護決策的合理、科學。

（4）建立發動機系統剩餘壽命預測模型，提出 DSR-SVM-RNN 融合預測算法。本書針對航天器推進系統發動機系統的故障問題，按照集成系統健康管理的邏輯思路，根據航天器發動機的系統特徵，分析其故障失效機理，在深入分析的基礎上，篩選確定故障診斷的相關指標，建立融合診斷模型；在模型中引入模糊語義度量方法和信息熵的方法對模型進行求解；通過根據訓練得到的數值算例對模型和算法進行分析和驗證。基於集成系統健康管理的航天器發動機系統剩餘壽命預測理論和方法突破了傳統的單純的故障診斷的概念，豐富了航天器健康管理的理論。

7.2　創新之處

本書以航天器推進系統安全問題為核心，引入集成系統管理的思路框架，結合實際情況對問題進行研究分析，構建了系統化評估與預測模型，深化了航天器集成系統管理的理論與方法，具有重要的理論和現實意義。具體來講，本書創新之處主要包括以下兩個方面：

第一，提出基於集成系統健康管理框架的航天器推進系統安全評估與預測模型。針對航天器推進系統的結構特徵和系統構成，結合集成系統健康管理的邏輯框架，本書分別從電子系統的效能評估、軟件系統的可靠性預測及發動機系統的壽命預測三個系統的不同角度構建電子系統分層效能評估模型、軟件系統可靠性預測模型及發動機系統剩餘使用壽命模型。

第二，設計了推進系統安全評估與預測模型的求解算法。本書針對電子系統、軟件系統和發動機系統的結構特徵，結合電子系統分層效能評估、軟件系統可靠性預測及發動機系統剩餘壽命預測模型的具體特點，對

傳統求解算法進行合理改進，分別構建了對系統級健康狀態和子系統級效能進行評估的模糊網絡層次分析方法、對軟件可靠性預測的自適應遺傳算法-支持向量機算法、對發動機系統剩餘壽命進行預測的 DSR-SVM-RNN 融合預測算法，豐富並深化了航天器推進系統安全評估與預測算法，對航天器推進系統安全評估與預測理論的系統化具有重要的意義。

7.3 後續研究

本書針對航天器推進系統的安全評估與預測問題，從結構特徵和故障特點對其三個子系統——電子系統效能、軟件系統可靠性和發動機系統剩餘壽命進行分析和研究，分別構建了電子系統分層效能評估模型、軟件系統可靠性預測模型及發動機系統剩餘壽命預測模型，進而提出相應的算法設計方法。此外，還有許多相關的問題對航天器安全具有重要影響。本書的研究後續將繼續關注以下幾個方面的問題：

（1）以航天器發射系統的安全問題為研究對象，關注其評估與預測的建模和算法改進邏輯。

（2）加強對航天器推進系統運行數據的處理分析，如使用模糊隨機算法等。

（3）努力加深對融合預測模型和算法的改進，如結合支持向量機算法、遺傳算法的優點，設計更優的求解算法。

（4）進一步分析電子系統效能評估、軟件系統可靠性預測和發動機系統剩餘壽命預測的共性問題，找出其內在規律，為更好地把握航天器推進系統的健康管理提供科學依據。

參考文獻

[1] 石柱, 袁心成, 馬衛華, 等. 適用於航天軟件開發的可靠性度量 [J]. 航天控制, 2004, 22 (3): 87-92.

[2] 楊霞, 熊光澤, 袁繼敏, 等. 安全關鍵系統中防危策略的設計技術研究 [J]. 電子科技大學學報, 2006 (A1): 706-709.

[3] 餘後滿, 郝文宇, 袁俊剛, 等. 航天器系統工程技術發展思路 [J]. 航天器工程, 2009, 18 (1): 1-7.

[4] 馮輔周, 司愛威, 邢偉, 等. 故障預測與健康管理技術的應用與發展 [J]. 裝甲兵工程學院學報, 2009, 23 (6): 1-6.

[5] 羅榮蒸, 孫波, 張雷, 等. 航天器預測與健康管理技術研究 [J]. 航天器工程, 2013, 22 (4): 95-102.

[6] 楊仕平, 熊光澤, 桑楠. 安全關鍵系統的防危性技術研究 [J]. 電子科技大學學報, 2003, 32 (2): 164-168.

[7] 龍兵, 孫振明, 姜興渭. 航天器集成健康管理系統研究 [J]. 航天控制, 2003, 21 (2): 56-61.

[8] 楊仕平, 熊光澤, 桑楠. 安全關鍵系統高可信保障技術的研究 [J]. 計算機科學, 2003, 30 (5): 97-101.

[9] 高占寶, 梁旭, 李行善. 複雜系統綜合健康管理 [J]. 測控技術, 2005, 24 (8): 1-5.

[10] 左洪福, 張海軍, 戎翔. 基於比例風險模型的航空發動機視情維修決策 [J]. 航空動力學報, 2006, 21 (4): 716-721.

［11］謝慶華，張琦，盧湧. 航空發動機單部件視情維修優化決策［J］. 解放軍理工大學學報（自然科學版），2005（6）：1009-3443.

［12］孫博，康銳，謝勁松. 故障預測與健康管理系統研究和應用現狀綜述［J］. 系統工程與電子技術，2007，29（10）：1762-1767.

［13］李愛軍，章衛國，譚鍵. 飛行器健康管理技術綜述［J］. 電光與控制，2007，14（3）：79-83.

［14］沈志群，張承康，侍述海. 航天器安全防護保障探討［J］. 航天電子對抗，2010，26（1）：37-39.

［15］景博，黃以鋒，張建業. 航空電子系統故障預測與健康管理技術現狀與發展［J］. 空軍工程大學學報（自然科學版），2010，11（6）：1-6.

［16］張磊，周繼鋒，張強. 系統軟件可靠性驗證測試方法研究［J］. 計算機與數字工程，2010，38（6）：86-88.

［17］楊啓亮，邢建春，王平. 安全關鍵系統及其軟件方法［J］. 計算機應用與軟件，2011，28（2）：129-138.

［18］周小豔，何為，胡國輝. 基於ZIGBEE無線傳感器網絡的變電站人員定位的改進算法研究［J］. 電力系統保護與控制，2013，41（17）：56-62.

［19］石柱，何新貴，武莊. 軟件可靠性及其評估［J］. 計算機應用，2000，20（11）：1-5.

［20］王建斌，宋建光. 航天軟件可靠性淺議［J］. 現代防禦技術，2002，30（6）：11-15.

［21］李行善，高占寶. 航空航天中的綜合運載器健康管理技術［J］. 電氣時代，2003（11）：84-85.

［22］周新蕾，劉正高. 航天軟件可靠性安全性技術應用發展趨勢［J］. 質量與可靠性，2006（3）：41-43.

［23］殷鋒社，湯小明. 航空電子安全關鍵系統棧空間分析［J］. 國外

電子測量技術, 2013, 32 (3): 21-24.

[24] 魏繼才, 黃謙, 胡曉峰. 層次分析法在武器系統效能建模中的應用 [J]. 火力與指揮控制, 2002, 27 (3): 23-28.

[25] 覃志東. 高可信軟件可靠性和防危性測試與評價理論研究 [D]. 成都: 電子科技大學, 2005.

[26] 黃漢文. 航天電子對抗的概念與發展 [J]. 航天電子對抗, 2007, 23 (2): 1-5.

[27] 周衛東. 組合導航系統應用軟件可靠性研究 [D]. 哈爾濱: 哈爾濱工程大學, 2006.

[28] 王申. 航天器推進系統動態特性數值仿真與分析 [D]. 長沙: 國防科學技術大學, 2007.

[29] 王志. 航空發動機整機振動故障診斷技術研究 [D]. 瀋陽: 瀋陽航空工業學院, 2007.

[30] 戎翔. 民航發動機健康管理中的壽命預測與維修決策方法研究 [D]. 南京: 南京航空航天大學, 2008.

[31] 李強. 民航發動機健康管理技術與方法研究 [D]. 南京: 南京航空航天大學, 2008.

[32] 魯峰. 航空發動機故障診斷的融合技術研究 [D]. 南京: 南京航空航天大學, 2009.

[33] 白松浩. 系統效能的概念框架及度量 [J]. 系統仿真學報, 2010 (9): 2177-2181.

[34] 張利文. 中國載人空間站工程正式啟動實施 [J]. 中國航天, 2010 (11): 2.

[35] 周睿. 面向安全關鍵的虛擬化與分區操作系統研究與實現 [D]. 蘭州: 蘭州大學, 2010.

[36] 戚發軔. 中國載人航天發展回顧及未來設想——2010年空間環境

與材料科學論壇大會講話［J］. 航天器環境工程, 2011, 28（1）: 1-4.

［37］侯成杰. 國外航天軟件故障原因分析［J］. 航天器工程, 2012, 21（1）: 89-96.

［38］聖敏. 聚焦神舟十號飛天［J］. 新科幻（文摘版）, 2013（7）: 3-7.

［39］新華. 中國計劃 2015 年前後發射天宮二號空間實驗室［J］. 軍民兩用技術與產品, 2013（8）: 6-7.

［40］袁國平. 航天器姿態系統的自適應魯棒控制［D］. 哈爾濱: 哈爾濱工業大學, 2013.

［41］雷國志. 多智能體技術在航空電子系統中的應用研究［D］. 成都: 電子科技大學, 2013.

［42］章文書. 質量體附著航天器模型參數辨識及姿態跟蹤耦合控制研究［D］. 哈爾濱: 哈爾濱工業大學, 2013.

［43］張明濤. 基於 FMEA 方法的航天電子產品製造風險評價應用研究［D］. 北京: 中國科學院大學, 2013.

［44］陳傳海. 面向可靠性概率設計的數控機床載荷譜建立方法研究［D］. 長春: 吉林大學, 2013.

［45］魏喜慶. 航天器相對導航中的非線性濾波問題研究［D］. 哈爾濱: 哈爾濱工業大學, 2013.

［46］BASTIERE A. Fusion methods for multi-sensor classification of airborne targets［J］. Aerospace Science and Technology, 1997, 1（1）: 83-94.

［47］AGARWAL A, SHANKAR R, TIWARI M K. Modeling the metrics of lean, agile and leagile supply chain: An anp-based approach［J］. European Journal of Operational Research, 2006, 173（1）: 211-225.

［48］AHMADI A, FRANSSON T, CRONA A, et al. Integration of rcm and phm for the next generation of aircraft［C］//2009 IEEE Aerospace Conference, 2009: 3798-4315.

[49] AHMADIZAR F, SOLTANIAN K, AKHLAGHIANTAB F, et al. Artificial neural network development by means of a novel combination of grammatical evolution and genetic algorithm [J]. Engineering Applications of Artificial Intelligence, 2015, 39: 1-13.

[50] AKGUN D, ERDOGMUS P. Gpu accelerated training of image convolution filter weights using genetic algorithms [J]. Applied Soft Computing, 2015, 30: 585-594.

[51] AMIN A, GRUNSKE L, COLMAN A. An approach to software reliability prediction based on time series modeling [J]. Journal of Systems and Software, 2013, 86 (7): 1923-1932.

[52] AMIRGHASEMI M, ZAMANI R. An effective asexual genetic algorithm for solving the job shop scheduling problem [M]. Oxford: Pergamon Press, 2015.

[53] ANANDA C M. General aviation aircraft avionics: integration & system tests [J]. IEEE Aerospace and Electronic Systems Magazine, 2009, 24 (5): 19-25.

[54] ANDERMAN A. Modular avionics and open systems architecture for future manned space flight [C] // 1994 IEEE Aerospace Applications Conference, 1994: 117-130.

[55] ANTOINE G O, BATRA R C. Optimization of transparent laminates for specific energy dissipation under low velocity impact using genetic algorithm [J]. Composite Structures, 2015, 124: 29-34.

[56] AO L. Performance declining evaluation method for CFM56-5b engine [J]. Journal of Civil Aviation Flight University of China, 2006, 17 (2): 28-30.

[57] ASHBY M J, BYER R J. An approach for conducting a cost benefit analysis of aircraft engine prognostics and health management functions [C] // 2002 IEEE Aerospace Conference, 2002, 6: 2847-2856.

[58] AZIZ A M. An iterative method for decision fusion in multiple sensor systems [J]. Aerospace Science and Technology, 2010, 14 (7): 487-493.

[59] BAGHERI M, MIRBAGHERI S A, BAGHERI Z, et al. Modeling and optimization of activated sludge bulking for a real wastewater treatment plant using hybrid artificial neural networks-genetic algorithm approach [J]. Process Safety and Environmental Protection, 2015, 95: 12-25.

[60] BAGUL Y G, ZEID I, KAMARTHI S V. A framework for prognostics and health management of electronic systems [C] //2008 IEEE Aerospace Conference, 2008: 1-9.

[61] BAI H, ATIQUZZAMAN M, LILJA D. Wireless sensor network for aircraft health monitoring [C] //International Conference on Broadband Networks, 2004: 748-750.

[62] BANERJEE P P, AVILA R, HE D, et al. Discriminant analysis based prognostics of avionic systems [J]. IEEE Transactions on Systems Man & Cybernetics Part C, 2007, 37 (6): 1318-1326.

[63] OSUNA E, FREUND R, GIROSI F. An improved training algorithm for support vector machines [C] //Neural Networks for Signal Processing, 1997, 17: 276-285.

[64] BENEDETTINI O, BAINES T S, LIGHTFOOT H W, et al. State-of-the-art in integrated vehicle health management [J]. Proceedings of the Institution of Mechanical Engineers Part G Journal of Aerospace Engineering, 2008, 223 (2): 157-170.

[65] BHASIN M, RAGHAVA G P S. Analysis and prediction of affinity of

TAP binding peptides using cascade SVM [J]. Protein Science A Publication of the Protein Society, 2004, 13 (3): 596-607.

[66] BHASIN M, RAGHAVA G P S. Prediction of CTL epitopes using QM, SVM and ANN techniques [J]. Vaccine, 2004, 22 (23): 3195-3204.

[67] BIRD G, CHRISTENSEN M, LUTZ D, et al. Use of integrated vehicle health management in the field of commercial aviation [J]. In 1St International Forum on System Health Engineering and Management In Aerospace - NASA ISHEM Forum, 2005.

[68] BLACK R, FLETCHER M. Next generation space avionics: layered system implementation [J]. IEEE Aerospace & Electronic Systems Magazine, 2005, 20 (12): 9-14.

[69] BOZDAG C E, KAHRAMAN C, RUAN D. Fuzzy group decision making for selection among computer integrated manufacturing systems [J]. Computers in Industry, 2003, 51 (1): 13-29.

[70] BüYüKöZKAN G, ÇIFçI G. A novel hybrid MCDM approach based on fuzzy DEMATEL, fuzzy ANP and fuzzy TOPSIS to evaluate green suppliers [J]. Expert Systems with Applications, 2012, 39 (3): 3000-3011.

[71] CAESARENDRA W, WIDODO A, YANG B S. Combination of probability approach and support vector machine towards machine health prognostics [J]. Probabilistic Engineering Mechanics, 2011, 26 (2): 165-173.

[72] CAI Y D, LIU X J, XU X, et al. Prediction of protein structural classes by support vector machines [J]. Computers & Chemistry, 2002, 26 (3): 293-296.

[73] CALABRESE A, COSTA R, MENICHINI T. Using fuzzy AHP to manage intellectual capital assets: An application to the ICT service industry [J]. Expert Systems with Applications, 2013, 40 (9): 3747-3755.

[74] CALABRIA R, PULCINI G. An engineering approach to Bayes estimation for the Weibull distribution [J]. Microelectronics Reliability, 1994, 34 (5): 789-802.

[75] CAPUTO A C, PELAGAGGE P M, PALUMBO M. Economic optimization of industrial safety measures using genetic algorithms [J]. Journal of Loss Prevention in the Process Industries, 2011, 24 (5): 541-551.

[76] CAPUTO A C, PELAGAGGE P M, PALUMBO M, et al. Safety-based process plant layout using genetic algorithm [J]. Journal of Loss Prevention in the Process Industries, 2015, 34: 139-150.

[77] CELAYA J R, SAHA B, WYSOCKI P F, et al. Prognostics for electronics components of avionics systems [J]. 2009.

[78] CHAMNANLOR C, SETHANAN K, CHIEN C F, et al. Re-entrant flow shop scheduling problem with time windows using hybrid genetic algorithm based on auto-tuning strategy [J]. International Journal of Production Research, 2014, 52 (9): 2612-2629.

[79] CHANGDAR C, MAHAPATRA G S, PAL R K. An improved genetic algorithm based approach to solve constrained knapsack problem in fuzzy environment [M]. Oxford: Pergamon Press, 2015.

[80] CHAUCHARD F, COGDILL R, ROUSSEL S, et al. Application of LS-SVM to non-linear phenomena in NIR spectroscopy: development of a robust and portable sensor for acidity prediction in grapes [J]. Chemometrics and Intelligent Laboratory Systems, 2004, 71 (2): 141-150.

[81] CHEN F H, TSUNGSHIN H, GWOHSHIUNG T. A balanced scorecard approach to establish a performance evaluation and relationship model for hot spring hotels based on a hybrid MCDM model combining DEMATEL and ANP [J]. International Journal of Hospitality Management, 2011, 30 (4): 908-

932.

[82] CHEN L, XI Z. Analysis of radar system effectiveness based on wseiac model [J]. Radar Science and Technology, 2005, 1: 001.

[83] CHEN Z S, YANG Y M, HU Z. A technical framework and roadmap of embedded diagnostics and prognostics for complex mechanical systems in prognostics and health management systems [J]. IEEE Transactions on Reliability, 2012, 61 (2): 314-322.

[84] CHENG C H. Evaluating naval tactical missile systems by fuzzy AHP based on the grade value of membership function [J]. European Journal of Operational Research, 1997, 96 (2): 343-350.

[85] CHENG C H, YANG K L, HWANG C L. Evaluating attack helicopters by AHP based on linguistic variable weight [J]. European Journal of Operational Research, 1999, 116 (2): 423-435.

[86] CHENG S, PECHT M. A fusion prognostics method for remaining useful life prediction of electronic products [C] // IEEE International Conference on Automation Science and Engineering, 2009: 102-107.

[87] CHERKASSKY V, MA Y. Practical selection of SVM parameters and noise estimation for SVM regression [J]. Neural Networks, 2004, 17 (1): 113-126.

[88] CHRISTER A H, WANG W. A delay-time-based maintenance model of a multi-component system [J]. IMA Journal of Management Mathematics, 1995, 6 (2): 205-222.

[89] CHU D, DESHPANDE A, HELLERSTEIN J M, et al. Approximate data collection in sensor networks using probabilistic models [C] //Proceedings of The 22Nd International Conference on Data Engineering, 2006: 48.

[90] CHUANG Y C, CHEN C T, HWANG C. A real-coded genetic algo-

rithm with a direction-based crossover operator [J]. Information Sciences, 2015, 305: 320-348.

[91] CORTES C, VAPNIK V. Support-vector networks [J]. Machine Learning, 1995, 20 (3): 273-297.

[92] CRISTIANINI N, KANDOLA J, ELISSEEFF A, et al. On Kernel Target Alignment [J]. Springer Berlin Heidelberg, 2006, 194: 367-373.

[93] CUTTER D M, THOMPSON O R. Condition-based maintenance plus select program survey [R]. Logistics Management Inst Mclean Va, 2005.

[94] DAGDEVIREN M, YUKSEL L. Developing a fuzzy analytic hierarchy process (AHP) model for behavior-based safety management [J]. Information Sciences, 2008, 178 (6): 1717-1733.

[95] DAGDEVIREN M, LHSAN YUKSEL. A fuzzy analytic network process (ANP) model for measurement of the sectoral competititon level (SCL) [J]. Expert Systems with Applications, 2010, 37 (2): 1005-1014.

[96] DAGDEVIREN M, YUKSEL L. A fuzzy analytic network process (ANP) model for measurement of the sectoral competititon level (SCL) [J]. Expert Systems with Applications, 2010, 37 (2): 1005-1014.

[97] DAS S, CHAKRABORTY S. Selection of non-traditional machining processes using analytic network process [J]. Journal of Manufacturing Systems, 2011, 30 (1): 41-53.

[98] DEEP K, SINGH P K. Design of robust cellular manufacturing system for dynamic part population considering multiple processing routes using genetic algorithm [J]. Journal of Manufacturing Systems, 2015, 35: 155-163.

[99] DESTEFANIS R, SCHäFER F, LAMBERT M, et al. Selecting enhanced space debris shields for manned spacecraft [J]. International Journal of Impact Engineering, 2006, 33 (12): 219-230.

[100] DING C, XU J, XU L. ISHM-based intelligent fusion prognostics for space avionics [J]. Aerospace Science & Technology, 2013, 29 (1): 200-205.

[101] DOU Y, ZHU Q, SARKIS J. Evaluating green supplier development programs with a grey-analytical network process-based methodology [J]. European Journal of Operational Research, 2014, 233 (2): 420-431.

[102] EKLUND N H W, HU X. Intermediate feature space approach for anomaly detection in aircraft engine data [C] // International Conference on Information Fusion, 2008: 1-7.

[103] ELATTAR E E. A hybrid genetic algorithm and bacterial foraging approach for dynamic economic dispatch problem [J]. International Journal of Electrical Power & Energy Systems, 2015, 69: 18-26.

[104] FAMILI A, SHEN W M, WEBER R, et al. Data preprocessing and intelligent data analysis [J]. Intelligent Data Analysis, 1997, 1 (4): 3-23.

[105] FENG Z, WANG Q. Research on health evaluation system of liquid-propellant rocket engine ground-testing bed based on fuzzy theory [J]. Acta Astronautica, 2007, 61 (10): 840-853.

[106] FIGUEROA F, HOLLAND R, SCHMALZEL J, et al. Integrated system health management (ISHM): systematic capability implementation [C] // Sensors Applications Symposium, 2006: 202-206.

[107] FIGUEROA F, SCHMALZEL J. Rocket Testing and Integrated System Health Management [J]. London: Springer, 2006.

[108] FIGUEROA F, SCHMALZEL J, MORRIS J, et al. Integrated System Health Management: Pilot Operational Implementation in a Rocket Engine Test Stand [C] //AIAA Infotech@ Aerospace, 2010.

[109] FIGUEROA F, SCHMALZEL J, WALKER M, et al. Integrated sys-

tem health management: foundational concepts, approach, and implementation [C] // AIAA Infotech@ Aerospace Conference, 2009: 1267-1272.

[110] FISHER D K. Avionics: integrating spacecraft technologies [J]. Techndogy Teacher, 1998, 58 (2): 27.

[111] FRANCOMANO M T, ACCOTO D, GUGLIELMELLI E. Artificial sense of slip—a review [J]. IEEE Sensors Journal, 2013, 13 (7): 2489-2498.

[112] GARG M, LAI R, HUANG S J. When to stop testing: a study from the perspective of software reliability models [J]. IET Software, 2011, 5 (3): 263-273.

[113] GLASS B, CHUN W, JAMBOR B, et al. Integrated system health management architecture design [C] //AIAA Infotech@ Aerospace, 2013.

[114] GUO J, CHEN H, SUN Z, et al. A novel method for protein secondary structure prediction using dual-layer SVM and profiles [J]. Proteins: Structure, Function and Bioinformatics, 2004, 54 (4): 738-743.

[115] GUYON I, MATIC N, VAPNIK V. Discovering informative patterns and data cleaning [J]. American Association for Articial Intelligence, 1996: 181-203.

[116] GOPALAKRISHNAN H, KOSANOVIC D. Operational planning of combined heat and power plants through genetic algorithms for mixed 0-1 nonlinear programming [J]. Computers & Operations Research, 2015, 56: 51-67.

[117] HONG-YUN L, QING-PU Z, XIANG-YI L. Evaluation of knowledge sharing effectiveness in virtual scientific research team based on linguistic assessment information [C] //International Conference on Management Science and Engineering, 2012: 1200-1205.

[118] HASAN A M, SAMSUDIN K, RAMLI A R, et al. Automatic estima-

tion of inertial navigation system errors for global positioning system outage recovery [J]. Proceedings of The Institution of Mechanical Engineers, Part G: Journal of Aerospace Engineering, 2011, 225 (1): 86-96.

[119] HEIMES F O. Recurrent neural networks for remaining useful life estimation [C] //International Conference on Prognostics and Health Management, 2008: 1-6.

[120] HESS A, CALVELLO G, FRITH P, et al. Challenges, issues, and lessons learned chasing the「Big P」: real predictive prognostics [C] //IEEE Aerospace Conference, 2006: 1-19.

[121] HIROSE S, SHIMIZU K, KANAI S, et al. POODLE-L: a two-level SVM prediction system for reliably predicting long disordered regions [J]. Bioinformatics, 2007, 23 (16): 2046-2053.

[122] HOYLE C, MEHR A, TUMER I, et al. On quantifying cost-benefit of ISHM in aerospace systems [C] // IEEE Aerospace Conference, 2007: 1-7.

[123] HSU C J, HUANG C Y. An adaptive reliability analysis using path testing for complex component-based software systems [J]. IEEE Transactions on Reliability, 2011, 60 (1): 158-170.

[124] HUANG C Y, LIN C T. Analysis of software reliability modeling considering testing compression factor and failure-to-fault relationship [J]. IEEE Transactions on Computers, 2010, 59 (2): 283-288.

[125] HUANG Y. Notice of retraction effectiveness evaluation for security system based on wseiac model [C] //Computer Science and Information Technology, 2010, 7: 192-195.

[126] HUI G, BIFENG S. Study on effectiveness evaluation of weapon systems based on grey relational analysis and topsis [J]. Journal of Systems Engi-

neering and Electronics, 2009, 20 (1): 106-111.

[127] HUNTER G W, OBERLE L G, BAAKALINI G, et al. Intelligent sensor systems for integrated system health management in exploration applications [C] // First International Forum on Integrated System Health Engineering and Management in Aerospace, 2005.

[128] ISHIZAKA A, NGUYEN N H. Calibrated fuzzy AHP for current bank account selection [J]. Expert Systems With Applications, 2013, 40 (9): 3775-3783.

[129] JARDINE A K S, LIN D, BANJEVIC D. A review on machinery diagnostics and prognostics implementing condition-based maintenance [J]. Mechanical Systems & Signal Processing, 2006, 20 (7): 1483-1510.

[130] JAW L C. Recent advancements in aircraft engine health management (EHM) technologies and recommendations for the next step [C] // ASME Turbo Expo 2005: Power For Land, Sea, and Air, 2005: 683-695.

[131] JHARKHARIA S, SHANKAR R. Selection of logistics service provider: an analytic network process (ANP) approach [J]. OMEGA, 2007, 35 (3): 274-289.

[132] JIANG H Y, ZONG M, LIU X Y. Research of software defect prediction model based on ACO-SVM [J]. Jisuanji Xuebao (Chinese Journal of Computers), 2011, 34 (6): 1148-1154.

[133] JOACHIMS T. Text categorization with support vector machines: Learning with many relevant features [J]. Machine Learning: Ecml-98, 1998: 137-142.

[134] JOACHIMS T. Making large-scale SVM learning practical [R]. Technical Report, SFB 475: KomplexitäTsreduktion in Multivariaten Datenstrukturen, UniversitäT Dortmund, 1998.

[135] JOACHIMS T. Transductive inference for text classification using support vector machines [C] //ICML, 1999, 99: 200-209.

[136] JUNG U, SEO D W. An ANP approach for R&D project evaluation based on interdependencies between research objectives and evaluation criteria [J]. Decision Support Systems, 2010, 49 (3): 335-342.

[137] KAIHONG X, QIANLI D, LEI X, et al. A evaluation model of supply chain emergency based on unascertained measure and comentropy theory [C] //Emergency Management and Management Sciences, 2010: 375-378.

[138] KAYA T, KAHRAMAN C. An integrated fuzzy AHP-electre methodology for environmental impact assessment [M]. Oxford: Pergamon Press, 2011.

[139] KAYTON M. Avionics for manned spacecraft [J]. IEEE Transactions on Aerospace & Electronic Systems, 1989, 25 (6): 786-827.

[140] KEERTHI S S, LIN C J. Asymptotic behaviors of support vector machines with gaussian kernel [J]. Neural Computation, 2003, 15 (7): 1667-1689.

[141] KILICC H S. A fuzzy AHP based performance assessment system for the strategic plan of turkish municipalities [J]. International Journal of Business and uanagement Studies, 2011, 3 (2): 77-86.

[142] KILIC H S, CEVIKCAN E. Job selection based on fuzzy AHP: an investigation including the students of istanbul technical university management faculty [J]. Journal of Business and Management Studies, 2011, 3 (1): 173-182.

[143] KILIC H S, CEVIKCAN E. A hybrid weighting methodology for performance assessment in turkish municipalities [M]. Berlin: Springer, 2012.

[144] KIM T, LEE K, BAIK J. An effective approach to estimating the pa-

rameters of software reliability growth models using a real-valued genetic algorithm [M]. London: Elsevier Science, 2015.

[145] KUMAR M, GROMIHA M M, RAGHAVA G P S. Prediction of RNA binding sites in a protein using SVM and PSSM profile [J]. Proteins: Structure, Function, and Bioinformatics, 2008, 71 (1): 189-194.

[146] KUMAR S, TORRES M, CHAN Y C, et al. A hybrid prognostics methodology for electronic products [C] //IEEE World Congress on Computational Intelligence, 2008: 3479-3485.

[147] KURTOGLU T, JOHNSON S B, BARSZCZ E, et al. Integrating system health management into the early design of aerospace systems using functional fault analysis [C] // International Conference on Prognostics and Health Management, 2008: 1-11.

[148] LECAKES G D, MORRIS J A, SCHMALZEL J L, et al. Virtual reality platforms for integrated systems health management in a portable rocket engine test stand [C] // Instrumentation and Measurement Technology Conference, 2008: 388-392.

[149] LEE H, KIM C, CHO H, et al. An ANP-based technology network for identification of core technologies: A case of telecommunication technologies [J]. Expert Systems with Applications, 2009, 36 (1): 894-908.

[150] LEVESON N G. Role of software in spacecraft accidents [J]. Journal of Spacecraft & Rockets, 2004, 41 (4): 564-575.

[151] LEWIS S A, EDWARDS T G. Smart sensors and system health management tools for avionics and mechanical systems [C] //Digital Avionics Systems Conference, 1997, 2: 5-8.

[152] LI M, TANSEL I N, LI X, et al. Integrated system health management by using the index based reasoning (IBR) and self organizing map (SOM)

combination [C] //Recent Advances In Space Technologies, 2009: 181-185.

[153] LIU J, WANG W, MA F, et al. A data-model-fusion prognostic framework for dynamic system state forecasting [J]. Engineering Applications of Artificial Intelligence, 2012, 25 (4): 814-823.

[154] LOGAN G T. Integrated avionics: past, present and future [J]. IEEE Aerospace and Electronic Systems Magazine, 2007, 5 (22): 39-40.

[155] LOISE D. Integrated modular avionics [J]. Nouvelle Revue D'Aeronautique Et D'Astronautique, 1997 (1): 48-52.

[156] LUNZE J, SCHRODER J. Sensor and actuator fault diagnosis of systems with discrete inputs and outputs [J]. IEEE Transactions on Systems, Man, and Cybernetics, Part B (Cybernetics), 2004, 34 (2): 1096-1107.

[157] LUO J, NAMBURU M, PATTIPATI K, et al. Model-based prognostic techniques (maintenance applications) [C] // IEEE Systems Readiness Technology Conference, 2003: 330-340.

[158] LUO X, WANG M. Latest research development of spacecraft thermal control technology [C] //Computer Engineering and Technology (Iccet), 2010, 5: 499-502.

[159] LYU M R. Handbook of software reliability engineering[M]. New York: McGraw-Hill, 1996.

[160] MARSEGUERRA M, ZIO E, PODOFILLINI L. Condition-based maintenance optimization by means of genetic algorithms and monte carlo simulation [J]. Reliability Engineering & System Safety, 2002, 77 (2): 151-165.

[161] MäRTIN L, SCHATALOV M, HAGNER M, et al. A methodology for model-based development and automated verification of software for aerospace systems [C] //Aerospace Conference, 2013: 1-19.

[162] MARTIN R, SCHWABACHER M, OZA N, et al. Comparison of

unsupervised anomaly detection methods for systems health management using space shuttle [C] //Proceedins of the Joint Army Navy NASA Air Force Conference on Propulsion, 2007.

[163] MASCHIO C, DAVOLIO A, CORREIA M G, et al. A new framework for geostatistics-based history matching using genetic algorithm with adaptive bounds [J]. Journal of Petroleum Science & Engineering, 2015, 127: 387-397.

[164] MCCANN R S, SPIRKOVSKA L. Human factors of integrated systems health management on next-generation spacecraft [C] //First International Forum on Integrated System Health Engineering and Management in aerospace, 2005.

[165] MEADE L M, PRESLEY A. R&D project selection using the analytic network process [J]. IEEE Transactions on Engineering Management, 2002, 49 (1): 59-66.

[166] MIKHAILOV L. A fuzzy programming method for deriving priorities in the analytic hierarchy process [J]. Journal of The Operational Research Society, 2000: 341-349.

[167] MILLAR R C. Defining requirements for advanced PHM technologies for optimal reliability centered maintenance [C] //Aerospace Conference, 2009: 1-7.

[168] ZUNIGA F, MACLISE D, ROMANO D, et al. Integrated systems health management for exploration systems [C] // Space Exploration Conference: Continuing The Voyage of Discovery, 2013.

[169] MULLER A, SUHNER M C, IUNG B. Formalisation of a new prognosis model for supporting proactive maintenance implementation on industrial system [J]. Reliability Engineering & System Safety, 2008, 93 (2): 234-

253.

[170] MUSA J D. A theory of software reliability and its application [J]. IEEE transactions on software engineering, 1975 (3): 312-327.

[171] NADERPOUR M, LU J, ZHANG G. An abnormal situation modeling method to assist operators in safety-critical systems [J]. Reliability Engineering & System Safety, 2015, 133: 33-47.

[172] NEUNGMATCHA W, SETHANAN K, GEN M, et al. Adaptive genetic algorithm for solving sugarcane loading stations with multi-facility services problem [J]. Computers and Electronics in Agriculture, 2013, 98: 85-99.

[173] NGUYEN H T, DAWAL S Z M, NUKMAN Y, et al. A hybrid approach for fuzzy multi-attribute decision making in machine tool selection with consideration of the interactions of attributes [J]. Expert Systems With Applications, 2014, 41 (6): 3078-3090.

[174] NICKERSON B, LALLY R. Development of a smart wireless networkable sensor for aircraft engine health management [C] //Aerospace Conference, 2001, 7: 7-32.

[175] NIU G, YANG B S. Intelligent condition monitoring and prognostics system based on data-fusion strategy [J]. Expert Systems With Applications, 2010, 37 (12): 8831-8840.

[176] ZHISHENG L, JUNSHAN L, FAN F, et al. Self-organizing fuzzy clustering neural network and application to electronic countermeasures effectiveness evaluation [J]. Journal of Systems Engineering and Electronics, 2008, 19 (1): 119-124.

[177] ORSAGH R, BROWN D, ROEMER M, et al. Prognostic health management for avionics system power supplies [C] //Aerospace Conference, 2005: 3585-3591.

[178] ORSAGH R F, BROWN D W, KALGREN P W, et al. Prognostic health management for avionic systems [C] //Aerospace Conference, 2006: 7.

[179] BAYRAMOGLU I. Reliability and mean residual life of complex systems with two dependent components per element [J]. IEEE Transactions on Reliability, 2013, 62 (1): 276-285.

[180] OSUNA E, FREUND R, GIROSIT F. Training support vector machines: an application to face detection [C] //Computer Vision and Pattern Recognition, 1997: 130-136.

[181] PECHT M, JAAI R. A prognostics and health management roadmap for information and electronics-rich systems [J]. Microelectronics Reliability, 2010, 50 (3): 317-323.

[182] PENG W, HUANG H Z, ZHANG X L, et al. Reliability based optimal preventive maintenance policy of series-parallel systems [J]. Eksploatacjai Niezawodnosc, 2009: 4-7.

[183] PHAM H T, YANG B S, NGUYEN T T. Machine performance degradation assessment and remaining useful life prediction using proportional hazard model and support vector machine [J]. Mechanical Systems and Signal Processing, 2012, 32: 320-330.

[184] PIETRANTUONO R, RUSSO S, TRIVEDI K S. Software reliability and testing time allocation: an architecture-based approach [J]. IEEE Transactions on Software Engineering, 2010, 36 (3): 323-337.

[185] PIGNOL M. Cots-based applications in space avionics [C] //Conference on Design, Automation and Test In Europe, 2010: 1213-1219.

[186] PULCINI G. A model-driven approach for the failure data analysis of multiple repairable systems without information on individual sequences [J]. IEEE Transactions on Reliability, 2013, 62 (3): 700-713.

[187] QUIROZ-CASTELLANOS M, CRUZ-REYES L, TORRES-JIMENEZ J, et al. A grouping genetic algorithm with controlled gene transmission for the bin packing problem [J]. Computers & Operations Research, 2015, 55 (3): 52-64.

[188] REICHARD K, CROW E, BAIR T. Integrated management of system health in space applications [C] // Reliability and Maintainability Symposium, 2007: 107-112.

[189] RUFFA J A, CASTELL K, FLATLEY T, et al. Midex advanced modular and distributed spacecraft avionics architecture [C] //Aerospace Conference, 1998, 5: 531-541.

[190] SAATY T L. SAATY T L. Decision making with dependence and feedback: the analytic network process[J]. Pittsburgh: RWS Publications, 1996.

[191] SAXENA A, GOEBEL K, SIMON D, et al. Damage propagation modeling for aircraft engine run-to-failure simulation [C] //Prognostics and Health Management, 2008: 1-9.

[192] SCHIOLKOPF B, BURGES C, VAPNIK V. Extracting support data for a given task [C] //First International Conference on Knowledge Discovery & Data Mining, 1995: 252-257.

[193] SCHöLKOPF B, BURGES C, VAPNIK V. Incorporating invariances in support vector learning machines [C] // Proceedings of The 1996 International Conference on Artificial Neural Networks, 1996: 47-52.

[194] SCHöLKOPF B, BURGES C J, SMOLA A J. Advances in kernel methods: support vector learning [M]. Massachusetts: MIT Press, 1999.

[195] SCHöLKOPF B, PLATT J C, SHAWE-TAYLOR J, et al. Estimating the support of a high-dimensional distribution [J]. Neural Computation, 2001, 13 (7): 1443-1471.

[196] SCHöLKOPF B, SMOLA A, MüLLER K R. Kernel principal component analysis [C] //International Conference on Artificial Neural Networks, 1997: 583-588.

[197] SCHöLKOPF B, SMOLA A J, WILLIAMSON R C, et al. New support vector algorithms [J]. Neural Computation, 2000, 12 (5): 1207-1245.

[198] SCHOLKOPF B, SUNG K K, BURGES C J C, et al. Comparing support vector machines with gaussian kernels to radial basis function classifiers [J]. IEEE Transactions on Signal Processing, 1997, 45 (11): 2758-2765.

[199] SCHROER R. Space: avionics' next frontier [J]. IEEE Aerospace & Electronic Systems Magazine, 2002, 17 (7): 26-31.

[200] SCHUMANN J, SRIVASTAVA A N, MENGSHOEL O J. Who guards the guardians? — toward V&V of health management software [C] // Runtime Verification. Berlin: Springer, 2010: 399-404.

[201] SEBALD D J, BUCKLEW J A. Support vector machines and the multiple hypothesis test problem [J]. IEEE Transactions on Signal Processing, 2001, 49 (11): 2865-2872.

[202] SEVKLI M, OZTEKIN A, UYSAL O, et al. Development of a fuzzy anp based swot analysis for the airline industry in turkey [J]. Expert Systems With Applications, 2012, 39 (1): 14-24.

[203] SHOU-SONG Z J F H. Chaotic time series prediction based on multi-kernel learning support vector regression [J]. Acta Physica Sinica, 2008, 5: 1-17.

[204] SI X S, WANG W, HU C H, et al. Remaining useful life estimation based on a nonlinear diffusion degradation process [J]. IEEE Transactions on Reliability, 2012, 61 (1): 50-67.

[205] SIM L, CUMMINGS M L, SMITH C A. Past, present and future im-

plications of human supervisory control in space missions [J]. Acta Astronautica, 2008, 62 (10): 648-655.

[206] SMITH J F. A Summary of spacecraft avionics functions [C] // Digital Avionics Systems Conference, 1993: 413-418.

[207] ZHANG S, KANG R, HE X, et al. China's efforts in prognostics and health management [J]. IEEE Transactions on Components and Packaging Technologies, 2008, 31 (2): 509-518.

[208] SMOLA A J, SCHöLKOPF B. A tutorial on support vector regression [J]. Statistics and Computing, 2004, 14 (3): 199-222.

[209] SON J, ZHOU Q, ZHOU S, et al. Evaluation and comparison of mixed effects model based prognosis for hard failure [J]. IEEE Transactions on Reliability, 2013, 62 (2): 379-394.

[210] SUN B, ZENG S, KANG R, et al. Benefits and challenges of system prognostics [J]. IEEE Transactions on Reliability, 2012, 61 (2): 323-335.

[211] SUN S. Multi-sensor optimal information fusion kalman filters with applications [J]. Aerospace Science and Technology, 2004, 8 (1): 57-62.

[212] THISSEN U, VAN BRAKEL R, DE WEIJER A P, et al. Using support vector machines for time series prediction [J]. Chemometrics and Intelligent Laboratory Systems, 2003, 69 (1): 35-49.

[213] TOBON-MEJIA D A, MEDJAHER K, ZERHOUNI N. CNC machine tool's wear diagnostic and prognostic by using dynamic bayesian networks [J]. Mechanical Systems and Signal Processing, 2012, 28: 167-182.

[214] HORENBEEK A V, PINTELON L. Development of a maintenance performance measurement framework—using the analytic network process (ANP) for maintenance performance indicator selection [J]. Omega, 2014, 42 (1): 33-46.

[215] VAPNIK V N. The nature of statistical learning theory [M]. Berlin: Springer science & business media, 2000.

[216] VICHARE N M, PECHT M G. Prognostics and health management of electronics [J]. IEEE Transactions on Components and Packaging Technologies, 2006, 29 (1): 222-229.

[217] ZAKI M R, VARSHOSAZ J, FATHI M. Preparation of agar nanospheres: comparison of response surface and artificial neural network modeling by a genetic algorithm approach [J]. Carbohydrate Polymers, 2015, 122: 314-320.

[218] WANG G, CUI Y, WANG S, et al. Design and performance test of spacecraft test and operation software [J]. Acta Astronautica, 2011, 68 (11): 1774-1781.

[219] WANG G, WANG C, ZHOU B, et al. Immunevonics: avionics fault tolerance inspired by the biology system [C] //Computational Intelligence and Industrial Applications, 2009, 1: 123-126.

[220] WANG J, FAN K, WANG W. Integration of fuzzy AHP and FPP with topsis methodology for aeroengine health assessment [J]. Expert Systems With Applications, 2010, 37 (12): 8516-8526.

[221] WANG T, YU J, SIEGEL D, et al. A Similarity-based prognostics approach for remaining useful life estimation of engineered systems [C] //Prognostics and Health Management, 2008: 1-6.

[222] WANG Z, HUANG H Z, DU X. Reliability-based design incorporating several maintenance policies [J]. Eksploatacja i Niezawodnosc, 2009 (4): 37-44.

[223] WANG Z F, ZARADER J L, ARGENTIERI S. A novel aircraft engine fault diagnostic and prognostic system based on svm [C] // International

Conference on Condition Monitoring and Diagnosis, 2012: 723-728.

[224] WEI M, CHEN M, ZHOU D. Multi-sensor information based remaining useful life prediction with anticipated performance [J]. IEEE Transactions on Reliability, 2013, 62 (1): 183-198.

[225] WILKINSON C. Prognostics and health management for improved dispatchability of integrated modular avionics equipped aircraft [C] //Digital Avionics Systems Conference, 2004.

[226] XU J, GUO F, XU L. Integrated system health management-based state evaluation for environmental control and life support system in manned spacecraft [J]. Journal of Systems and Control Engineering, 2013, 227 (5): 461-473.

[227] XU J, MENG Z, XU L. Integrated system health management-based fuzzy on-board condition prediction for manned spacecraft avionics [J]. Quality & Reliability Engineering International, 2016, 32 (1): 153-165.

[228] XU J, MENG Z, XU L. Integrated system of health management-oriented reliability prediction for a spacecraft software system with an adaptive genetic algorithm support vector machine [J]. Eksploatacja I Niezawodnosc - Maintenance and Reliability, 2014, 16 (4): 571-578.

[229] XU J, XU L. Health management based on fusion prognostics for avionics systems [J]. Systems Engineering and Electronics, 2011, 22 (3): 428-436.

[230] XU J, XU L. Integrated system health management-based condition assessment for manned spacecraft avionics [J]. Journal of Aerospace Engineering, 2013, 227 (1): 19-32.

[231] YANG Y. Expert network: effective and efficient learning from human decisions in text categorization and retrieval [C] //Proceedings of the 17th

Annual International ACM Sigir Conference on Research and Development in Information Retrieval, 1994: 13-22.

[232] YANG Y, PEDERSEN J O. A comparative study on feature selection in text categorization [C] //Proceedings of the 14th International conrerence on Machine Learning, 1997, 97: 412-420.

[233] YAZGAN H R, BORAN S, GOZTEPE K. An ERP software selection process with using artificial neural network based on analytic network process approach [J]. Expert Systems With Applications, 2009, 36 (5): 9214-9222.

[234] YU T, CUI W, SONG B, et al. Reliability growth estimation for unmanned aerial vechicle during flight-testing phases [J]. Eksploatacja I Niezawodnosc-Maintenance and Reliability, 2010 (2): 43-47.

[235] ZAIM S, SEVKLI M, CAMGOZ-AKDAGH, et al. Use of ANP weighted crisp and fuzzy QFD for product development [J]. Expert Systems With Applications, 2014, 41 (9): 4464-4474.

[236] DEMIREL O F, ZAIM S, TURKYLMAZ A, et al. Maintenance strategy selection using AHP and ANP algorithms: a case study [J]. Journal of Quality in Maintenance Engineering, 2012, 18 (1): 16-29.

國家圖書館出版品預行編目（CIP）資料

集成系統健康管理方法研究：以航太推進系統為例 / 孟致毅，陳春梅，藍紅星 著. -- 第一版. -- 臺北市：財經錢線文化，2019.05
　　面；　公分
POD版

ISBN 978-957-680-337-6(平裝)

1.太空工程

447.97　　　　　　　　　　　108006742

書　　名：集成系統健康管理方法研究：以航太推進系統為例
作　　者：孟致毅、陳春梅、藍紅星 著
發 行 人：黃振庭
出 版 者：財經錢線文化事業有限公司
發 行 者：財經錢線文化事業有限公司
E - m a i l：sonbookservice@gmail.com
粉 絲 頁：　　　　　網　址：
地　　址：台北市中正區重慶南路一段六十一號八樓815 室
8F.-815, No.61, Sec. 1, Chongqing S. Rd., Zhongzheng Dist., Taipei City 100, Taiwan (R.O.C.)
電　　話：(02)2370-3310　傳　真：(02) 2370-3210
總 經 銷：紅螞蟻圖書有限公司
地　　址：台北市內湖區舊宗路二段 121 巷 19 號
電　　話：02-2795-3656　傳真：02-2795-4100　網址：
印　　刷：京峯彩色印刷有限公司（京峰數位）

　　本書版權為西南財經大學出版社所有授權崧博出版事業股份有限公司獨家發行電子書及繁體書繁體字版。若有其他相關權利及授權需求請與本公司聯繫。

定　　價：350元
發行日期：2019 年 05 月第一版
◎ 本書以 POD 印製發行